AI绘画工坊：
Midjourney从入门到实践

（80集视频课＋50个绘画案例）

>>>罗巨浪　周冰渝　陈静茹　著

清华大学出版社
北京

内 容 简 介

人工智能时代，AI 绘画作为 AIGC 技术的一个很重要的应用，广泛应用于漫画制作、平面设计、广告设计、室内设计等领域。AI 绘画让"人人可绘画""人人可设计"成为可能。本书结合 50 个案例，详细介绍了 AI 绘画软件 Midjourney 的使用方法和功能技巧。

本书共 18 章，分为入门篇、提高篇和实践篇。其中，入门篇（第 1 ~ 4 章）详细介绍了 Midjourney 的基础操作。这部分内容可以帮助读者快速熟悉 Midjourney 的设置界面和基本功能，为后面学习更高级的操作打下坚实的基础。提高篇（第 5 ~ 8 章）在入门篇的基础上，进一步探索 Midjourney 的高级功能。这部分内容旨在教导读者如何利用这些高级功能创造出更精细、更具创意的图像，从而进一步提升绘画技能和创作能力。实践篇（第 9 ~ 18 章）的每章都聚焦于一个特定的应用场景进行案例实践，如插画绘制、海报及招贴设计、PPT 背景图绘制、VI 设计、电商相关设计、摄影作品制作、包装及装帧设计、DIY 及手办设计、家居及空间设计、建筑设计等。每个案例用 Midjourney 生成背景图后，会根据实际情况，用 Photoshop 或 Illustrator 等平面设计软件辅助完成整个案例的制作。另外，每个案例后面还给出了一个"举一反三"的练习实例，帮助读者巩固所学内容和进一步拓展思维。

本书内容全面，讲解详细，案例类型丰富多样，适合所有 AI 绘画爱好者和专业设计师学习，也适合作为相关培训机构的教材，帮助学员在短时间内快速掌握 AI 绘画知识，取得实质性进步。

图书在版编目（CIP）数据

AI 绘画工坊：Midjourney 从入门到实践：80 集视频课 +50 个绘画案例 / 罗巨浪，周冰渝，陈静茹著 . 北京：清华大学出版社，2024.9. -- ISBN 978-7-302 -67299-9

Ⅰ. TP391.413

中国国家版本馆 CIP 数据核字第 2024Y3U875 号

责任编辑：袁金敏
封面设计：墨 白
责任校对：徐俊伟
责任印制：刘海龙

出版发行：清华大学出版社
   网   址：https://www.tup.com.cn，https://www.wqxuetang.com
   地   址：北京清华大学学研大厦 A 座   邮   编：100084
   社 总 机：010-83470000   邮   购：010-62786544
   投稿与读者服务：010-62776969，c-service@tup.tsinghua.edu.cn
   质 量 反 馈：010-62772015，zhiliang@tup.tsinghua.edu.cn
印 装 者：三河市天利华印刷装订有限公司
经 销：全国新华书店
开 本：170mm × 240mm   印 张：19   字 数：499 千字
版 次：2024 年 10 月第 1 版   印 次：2024 年 10 月第 1 次印刷
定 价：118.00 元

产品编号：107050-01

前 言
PREFACE

人工智能（Artificial Intelligence，AI）作为一种颠覆性技术，如同蒸汽时代的蒸汽机、电气时代的发电机以及信息时代的计算机和互联网，正在改变着人类的生产生活方式和思维模式，对经济发展、社会进步等方面产生深远的影响。在绘画领域，这种变革尤为显著。通过简单的命令提示，就能让 AI 在短时间内创作出相应的图像作品。这个过程大大降低了艺术创作的门槛，让绘画变得更加简单、便捷，并渗透到插画艺术、广告设计、出版传媒、电商等多个行业领域。

Midjourney 是一款常用的 AI 绘画工具，可以帮助人们进行 AI 绘画创作。然而，想要充分利用 Midjourney 的功能，提升设计和创作的效率，专业的理论学习和操作实践必不可少。

为了满足广大读者的学习和实际工作需求，作者编写了本书。本书具有以下四大特色。

◉ **场景式学习**：根据工作和生活中的需求，作者设计了多种使用场景，如插画绘制、海报及招贴设计、PPT 背景图绘制、VI 设计、电商相关设计、摄影作品制作、包装及装帧设计、DIY 及手办设计、家居及空间设计、建筑设计等。掌握 Midjourney 的操作方法后，读者可以根据自己的需求，挑选不同场景下的案例进行学习，实现"所学即所用"。

◉ **案例式学习**：本书共展示了 50 个案例，意在通过大量的动手实践，提升 AI 绘画水平。读者可以替换案例中的提示词，从而创作出不同风格的新作品。在反复的实践训练中，读者可以快速掌握 AI 绘画技巧，做到举一反三。

◉ **"傻瓜式"学习**：本书将 AI 绘画案例的创作过程分解成简单明了的步骤，用大众化的语言直白地"翻译"操作过程，引导读者一步步实现创作，所以，无论读者是否学习过 AI 绘画，都能够按照教程创作出属于自己的绘画作品。

◉ **"工作流式"学习**：为了帮助读者提高作品的完成度，在 AI 绘画的基础上，本书还结合 Photoshop 等常用的辅助设计软件，讲解了图像的后期处理与应用。这种方法可以引导读者从 AI 绘画到后期加工，完成整个作品的工作流。

为了方便读者学习，本书特别录制了 80 集 Midjourney 相关操作和部分案例的视频，并额外赠送了 350 个 Midjourney 绘画案例的效果及对应关键词文件，欢迎需要的读者扫描下方的二维码下载。

无论是初学者，还是有经验的用户，我们都希望本书能成为大家学习和应用 AI 绘画技术的得力工具，助力大家更好地工作和生活。

致谢
衷心感谢王晓铃女士对本书编写工作提供的帮助。
感谢所有阅读本书的读者，欢迎提出合理化建议。

尽管本书经过了作者和出版社编辑的精心审读，但限于时间、篇幅，难免有疏漏之处，望各位读者体谅包涵，不吝赐教。

编 者
2024 年 8 月

目 录

CONTENTS

实践篇

AI 绘画工坊

Midjourney 从入门到实践（80 集视频课 + 50 个绘画案例）

第 1 章

Midjourney 是一款人工智能绘画工具，可以通过输入提示词文本，迅速生成相对应的图像。这一采用全新技术的工具为创意产业提供了新的可能性。本章将介绍这款绘画工具的注册与安装步骤及操作界面等。

初识 Midjourney

The First Encounter with Midjourney

1.1 认识 Midjourney

Midjourney 是一款由 Midjourney 研究实验室开发的 AI 程序，搭载在 Discord（一个可以在游戏内即时通信的聊天应用程序）服务器。它可以根据输入的文本内容生成对应的图像，使用者可通过 Discord 机器人的命令进行操作，从而创作出想要的图像作品。

如果想要学习 AI 绘画，Midjourney 是一个不错的选择。Midjourney 的功能非常适合初学者使用，并且生成的图像质量高、速度快。本节主要讲解 Midjourney 的注册与安装，以及创建个人服务器等内容，让读者可以快速入门。

1.2 注册与安装

由于 Midjourney 是搭载在 Discord 服务器上运行的，所以如果想要体验 Midjourney，首先需要注册一个 Discord 账号，可以直接在网站上登录使用，也可以下载客户端使用。

1.2.1 注册

步骤① 打开 Midjourney 官方网站。

步骤② 单击右下角的 Join the Beta 按钮，如图 1.2-1 所示，进入注册页面。在"昵称"文本框中输入自己的昵称，完成后单击"继续"按钮，如图 1.2-2 所示。

图 1.2-1

步骤③ 在弹出的确认对话框中选中"我是人类"复选框，并完成相关的测试。

步骤④ 完成测试后会进入确认年龄界面，注意这里的年龄一定要填写 18 岁以上，否则会被驳回使用请求，并且后续关联账号也无法重新申请，输入年龄后单击"确定"按钮。

步骤⑤ 在之后弹出的对话框中填写注册邮箱及密码，然后单击"认证账号"按钮，如

图 1.2-3 所示,随后会提示"已向邮箱发送注册确认链接"。

步骤⑥ 进入注册的邮箱完成最后的确认步骤,即可完成注册。

图 1.2-2

图 1.2-3

1.2.2 安装

步骤① 打开浏览器,进入 Discord 官方网站。

步骤② 进入网站页面后,单击 Discord 界面内的 "Windows 版下载" 按钮,如图 1.2-4 所示。

步骤③ 下载完成后,单击界面右上角的 "打开文件" 按钮,即可进入登录界面,如图 1.2-5 所示,输入邮箱和密码,登录后便可以开始使用 Discord。

图 1.2-4

图 1.2-5

TIPS

如果想要直接在计算机桌面上双击快捷方式图标使用 Discord,可以进入保存 Discord 的文件夹界面,选中图标后右击,在弹出的快捷菜单中选择 "创建快捷方式" 命令。

1.3 创建个人服务器

进入 Midjourney 主界面后，在公共服务器内就可以使用相关的绘画功能了。但是，由于公共服务器内人数较多，自己的绘画作品很容易淹没在众多内容之中，所以建立自己的个人服务器非常有必要。接下来详细讲解如何创建个人服务器。

步骤① 单击主界面左侧的 "+" 按钮，如图 1.3-1 所示。

步骤② 在弹出的对话框中单击 "亲自创建" 按钮，如图 1.3-2 所示，并选择 "仅供我和我的朋友使用" 选项，如图 1.3-3 所示。

图 1.3-1　　　　　　图 1.3-2　　　　　　图 1.3-3

步骤③ 在 "服务器名称" 文本框中输入自己的昵称，也可以根据需求更改头像。操作完成后单击右下角的 "创建" 按钮，如图 1.3-4 所示。这时，个人服务器便已创建成功，如图 1.3-5 所示。

图 1.3-4　　　　　　　　　图 1.3-5

1.4 如何添加 Midjourney Bot（Midjourney 机器人）

个人服务器相当于一个可以独立使用的房间，但要进行绘画，还需要添加 Midjourney 机器人进入该房间，才能提供完整的绘画服务。那么，如何在个人服务器中添加 Midjourney 机器人呢？

步骤① 单击 Midjourney 帆船图标，进入 Midjourney 公共社区界面。

步骤② 在公共社区界面内，选择左侧菜单栏中的 NEWCOMER ROOMS 选项，如图 1.4-1 所示。

步骤③ 单击界面内的 Midjourney 机器人标志，如图 1.4-2 所示，在界面中单击 "添加至服务器"按钮，如图 1.4-3 所示。

图 1.4-1   图 1.4-2   图 1.4-3

步骤④ 将 Midjourney 机器人添加至自己刚才创建的服务器，完成后单击右下角的"继续"按钮，如图 1.4-4 所示，并完成授权和相应的人机验证。当出现成功的标志后，如图 1.4-5 所示，就可以前往个人服务器开始绘画了。

图 1.4-4   图 1.4-5

✏️ 读书笔记

第2章

Midjourney 常见的生成图像的方式有 3 种：用文本生成图像、用图像生成图像和通过混合图像生成图像。其中，用文本生成图像是最常用的方式。本章将具体讲解利用文本生成图像的方法。

如何用 Midjourney 画一幅图
How to Draw a Picture with Midjourney

2.1 认识命令

为了更好地使用 Midjourney，在学习绘画之前，大家首先需要熟悉和了解 Midjourney 中不同命令的基本功能。

在文本框中输入"/"，Midjourney 会自动弹出一系列命令，如图 2.1-1 所示。下面简单介绍几种常见命令的基本功能，见表 2.1-1。

图 2.1-1

表 2.1-1　常见命令的基本功能

命　令	基本功能
/imagine	想象，即用文本生成图像 （具体操作方法详见 2.2 节）
/describe	描述，用于上传图像，Midjourney 可以根据上传的图像生成 4 条对应的提示词 （具体操作方法详见 5.3 节）
/settings	设置，用于打开 Midjourney 的出图设置面板，可对各种参数进行设置 （具体操作方法详见第 7 章）
/ask	提问，可以向 Midjourney 机器人提问，从而寻求使用上的帮助
/blend	混合，可以上传 2 ～ 5 张图像，Midjourney 将自动生成融合了上传图像要素的新图像 （具体操作方法详见 3.3 节）

要想知道如何用 Midjourney 更改图像的宽高比，可以使用 ask 功能。

步骤①　在界面下方的文本框中输入"/"，选择 /ask 命令。并在 question 后的文本框中输入问题，比如"How do I change my aspect ratio?"（如何更改宽高比？），如图 2.1-2 所示。

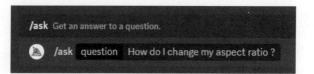

图 2.1-2

步骤② 问题输入完成后，按 Enter 键发送命令，Midjourney 机器人即会做出回复，如图 2.1-3 所示。

图 2.1-3

2.2 输入提示词

在 Midjourney 中，只要输入想要的绘画内容的相关提示词，Midjourney 机器人就可以根据提示词生成图像。

步骤① 在界面下方的文本框中输入"/"，并选择 /imagine 命令，如图 2.2-1 所示。

步骤② 在文本框中输入想要的绘画内容的提示词。比如想画一只可爱的小猫，就可以直接在 prompt 右侧输入 A cute kitten（一只可爱的小猫），如图 2.2-2 所示，完成后按 Enter 键发送命令。

图 2.2-1

图 2.2-2

步骤③ 等待片刻，Midjourney 机器人即可生成对应的图像，如图 2.2-3 所示。

步骤④ 单击生成的图像，单击左下角的"在浏览器中打开"按钮，如图 2.2-4 所示。

图 2.2-3　　　　　　　　　　　图 2.2-4

在浏览器中打开图像后右击，在弹出的快捷菜单中选择"图片另存为"命令，即可保存图片。

2.3 出图界面的辅助功能介绍

Midjourney 的出图界面中有不少辅助功能。接下来以上述出图为例，详细讲解出图界面内各按钮的作用。

2.3.1 U1 ~ U4 按钮介绍

U1 ~ U4 是指图像从左到右、从上到下的顺序，如图 2.3-1 所示。单击对应的按钮，就能得到相应序号图像单独输出的高清图像。比如，喜欢 U3 的画面效果，就可以单击图像下方的 U3 按钮，如图 2.3-2 所示。这样，就得到了单独输出的 U3 图像，如图 2.3-3 所示。

图 2.3-1　　　　　　　　　　　图 2.3-2

图 2.3-3

2.3.2 ⟳ 按钮的作用

在 U4 按钮右侧的蓝底白色旋转按钮，代表使用同一提示词进行重绘，单击此按钮，可以得到由相同提示词生成的不同效果图。同时，用户也可以在此基础上对提示词进行调整和修改。比如，要将刚才生成的小猫图像变为小狗图像，具体操作步骤如下。

步骤① 单击 ⟳ 按钮。

步骤② 在弹出的对话框中将提示词 kitten（小猫）更改为 dog（小狗）。完成后单击右下角的"提交"按钮，如图 2.3-4 和图 2.3-5 所示。

图 2.3-4

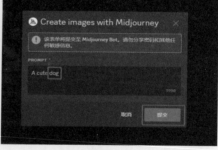

图 2.3-5

步骤③ 等待片刻，Midjourney 即可生成对应的图像，如图 2.3-6 所示。

图 2.3-6

2.3.3　V1 ~ V4 按钮的作用

V1 ~ V4 代表从左到右、从上到下 4 张图像的风格。用户可以根据所选序号，重新生成风格相似的 4 张图像。比如，在 V4 风格的基础上再生成 4 张图像。

步骤①　单击图像下方的 V4 按钮，如图 2.3-7 所示。

步骤②　在弹出的对话框中单击"提交"按钮，就可以得到与 V4 风格相近的 4 张新图像，如图 2.3-8 所示。

图 2.3-7

图 2.3-8

此外，如果想在该风格范围内对图像的内容进行修改，可以在单击 V4 按钮后弹出的对话框中修改提示词。比如，在 V4 风格的基础上生成 4 张小狗图像，具体操作步骤如下。

步骤①　单击 V4 按钮。

步骤②　将 A cute kitten（一只可爱的小猫）更改为 A cute dog（一只可爱的小狗），完成后单击"提交"按钮。

步骤③　得到与 V4 风格相近的 4 张小狗图像，如图 2.3-9 所示。

图 2.3-9

在 Midjourney 中，除了通过输入提示词生成图像，还可以通过上传图像的方式生成图像。这种出图方式多用于生成一些难以描述的风格类型，或者在真实照片的基础上进行风格的改变等。本章将具体讲解以图生图绘制图像的方法。

如何以图生图

How to Generate an Image from Another Image

3.1　如何垫图

通过以图生图的方式生成新图像，也就是人们通常说的"垫图"。简单理解，就是为 Midjourney 提供一个参考，让其仿照这样的风格生成新图像。

接下来简单讲解以图生图的方法，这里以制作和自己真实照片相似的卡通头像为例进行讲解。

步骤①　单击文本框左侧的加号，在弹出的快捷菜单中选择"上传文件"命令，如图 3.1-1 所示。选择自己需要上传的图像，按 Enter 键上传，如图 3.1-2 所示。

图 3.1-1　　　　　　　　　　　　　　　图 3.1-2

步骤②　上传好图像后右击，在弹出的快捷菜单中选择"复制链接"命令，如图 3.1-3 所示，复制图像的链接。

图 3.1-3

TIPS

注意：需要选择"复制链接"命令，而不是"复制消息链接"命令。

步骤③ 复制好链接后，按照正常的文生图流程，在文本框中输入"/"，选择 /imagine 命令，在 prompt 右侧粘贴刚才复制的图像链接，如图 3.1-4 所示。

图 3.1-4

步骤④ 输入空格，区分开链接和绘画提示词。然后输入想要生成图像风格的提示词，比如，希望 Midjourney 参考该图像，生成一张皮克斯卡通风格的头像，就可以输入"Portrait of young girl, Pixar style, cute cartoon, C4D rendering, --iw 1.5 --v 5.2"（年轻女孩肖像，皮克斯风格，可爱卡通，C4D 渲染，--iw 1.5 --v 5.2）。

步骤⑤ 按 Enter 键发送命令，即可看到参考上传图像生成的皮克斯风格的头像，如图 3.1-5 所示。

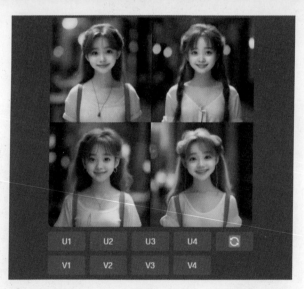

图 3.1-5

3.2 iw 相似度参数的使用

在上述案例中可以看到，图生图的提示词主要分为 3 个部分：参考图链接、内容描述和后缀参数。那么，iw 参数的作用是什么呢？

iw 是指与原图的相似权重，数值的大小会影响上传的图像和文本之间的比重，从而影响最后生成的图像结果。iw 参数值默认为 1，而取值范围一般为 0.5 ~ 2，参数值越高，相似度越高。

接下来看一下在刚才的案例中，iw 参数值不同对生成的图像造成的影响，如图 3.2-1 ~ 图 3.2-4 所示。

图 3.2-1

图 3.2-2

图 3.2-3

图 3.2-4

由图 3.2-1~ 图 3.2-4 可以看出，当 iw 参数值为 0.5 时（图 3.2-1），生成的图像和原图差距较大。而后随着 iw 参数值的增长，生成的图像和原图越来越相似。

3.3 多图融合

多图融合即同时向 Midjourney 机器人提供 2 ~ 5 张图像，并结合这几张图像中的元素，重新生成新图像的形式。这里以混合两张图像为例进行讲解。

步骤① 在文本框中输入"/"，选择 /blend 命令，如图 3.3-1 所示。
步骤② 在弹出的对话框中单击 image1 中的上传按钮，如图 3.3-2 所示，并选择上传自己需要的第一张图像。

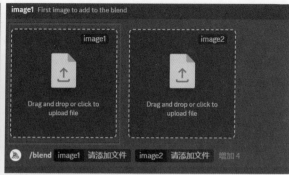

图 3.3-1　　　　　　　　　　　　　　　图 3.3-2

步骤③ 单击 image2 中的上传按钮，在弹出的对话框中选择需要上传的第二张图像，如图 3.3-3 所示。

图 3.3-3

步骤④ 上传完成后，按 Enter 键发送命令，即可看到混合两张图像后生成的图像，如图 3.3-4 所示。

图 3.3-4

如果想要混合更多的图像，可以单击 image2 方框右侧的增加按钮，然后在左上方弹出的列表中依次选择 image3、image4、image5 选项，即可继续添加，如图 3.3-5 所示。

dimensions 用于设置混合后图像的尺寸，可以选择 Portrait（竖图）、Square（正方形图）、Landscape（横图）3 种，如果不选择，则默认为 1∶1 的方形图。

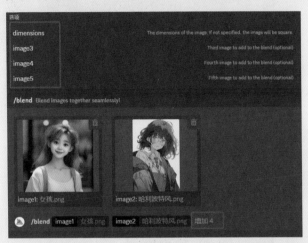

图 3.3-5

3.4 如何彻底删除图像

为了加快创作者的学习步伐并营造浓厚的社区氛围，Midjourney 遵循开放性原则，这意味着除非订阅了 Midjourney 的私密模式，否则创建的每一张图像都是公开可见的。但如果在垫图过程中，不小心上传了一张错误的照片，或者生成了一张不太符合期望的图像，想要删除图像，该怎么办呢？

面对这种情况，相信很多人都会在生成的图像框中右击，在弹出的快捷菜单中选择"删除信息"命令，如图 3.4-1 所示，但其实这只是在操作界面删除了此条消息，实际上这张图像依然存在，还有可能在社区被展示。那么，彻底删除图像的正确方法究竟是怎样的呢？

图 3.4-1

步骤① 在生成的图像框中右击，在弹出的快捷菜单中选择"添加反应"→"显示更多"命令，如图 3.4-2 所示。

图 3.4-2

步骤② 在搜索栏中输入×，单击红色的×图标，如图 3.4-3 所示。执行此操作后，这张图像就会被彻底删除，在官网和公共区域都不会再次出现。

图 3.4-3

✏️读书笔记

第4章

为了更好地使用 Midjourney，大家需要熟悉和了解其中的参数，通过设置相关参数可以绘制出更理想的图像。本章将详细介绍 Midjourney 中几种常用参数的设置方法。

Midjourney 常用参数介绍

Introduction to Common Parameters of Midjourney

4.1 V6 真实参数的使用

　　Midjourney 会定期发布新模型版本，通常默认模型就是已发布的最新版本，而目前的默认版本为 Use the default model (V6)，即最新版本为 V6 。单击 Use the default model (V6) 右侧的▼按钮，在弹出的下拉列表框中可以选择不同的版本，如图 4.1-1 所示。

图 4.1-1

　　Midjourney V1 ～ V6 出图效果偏写实，重点强调光线的层次感和整体光影效果。各个版本间的差异并不大，但版本越高，在艺术风格的呈现上就越强，画面的效果和整体细节就越好。

　　比如，要生成一只小狗，用 V1 ～ V6 版本生成的图像风格分别如图 4.1-2 ～ 图 4.1-9 所示。

图 4.1-2　　　　　　　　　　　　　图 4.1-3

图 4.1-4　　　　　　　　　　　　　图 4.1-5

V5

图 4.1-6

V5.1

图 4.1-7

V5.2

图 4.1-8

V6

图 4.1-9

4.2 niji 动漫参数的使用

除了 V6 真实参数，Midjourney 还有一种名为 niji 类型的版本。niji 模型也称为二次元模型，出图效果更偏向于动漫风格，主要用于制作动画和插图风格。niji 目前有 niji 4 ~ niji 6 共 3 种版本，版本越高，生成的图像越细致，质量越好。

同样的小狗画像，用 niji 4 ~ niji 6 版本生成的图像风格分别如图 4.2-1 ~ 图 4.2-3 所示。

niji 4

图 4.2-1

niji 5

图 4.2-2

niji 6

图 4.2-3

除了通过设置面板来选择生成图像的版本，也可以直接在提示词后添加参数，比如，当想用 niji 5 版本时，则可以在提示词后输入：空格 +--niji + 空格 +5，如 A beautiful girl, 15 years old --niji 5（一个漂亮的女孩，15 岁，版本 niji 5）。

4.3 s 风格化参数的使用

s 参数是指 Stylize 风格化参数，顾名思义，这项参数定义了生成图像的艺术性和风格化程度。s 参数值越低，风格化程度越低，AI 自由发挥的空间就越少，生成的图像就越贴近输入的提示词；s 参数值越高，风格化程度越高，AI 在创作过程中的介入度就越高，生成的图像就更具有艺术性和创意性。

一般来说，s 参数值的取值范围为 0 ~ 1000，而系统默认的 s 参数值为 100。

接下来看一下不同的 s 参数值对生成的图像造成的影响，此时输入的提示词为 Standing in front of the blue sky smiling girl（一个站在蓝天背景前微笑的女孩），如图 4.3-1 ~ 图 4.3-4 所示。

--s 50
(Stylize low)

图 4.3-1

--s 100
(Stylize med)

图 4.3-2

--s 350
(Stylize high)

图 4.3-3

--s 750
(Stylize very high)

图 4.3-4

从图中可以看出，当 s 参数值为 50 时（图 4.3-1），生成的图像和提示词差距不大，风格化程度较低。而后随着 s 参数值的增长，生成的图像就越来越具有艺术性和创意性。

4.4 q 质量参数的使用

　　q 参数是指 quality 质量参数，这项参数决定了图像的质量和细节。设置的 q 参数值越大，画面的细节就越多，效果就会越好；但同样的，更高的参数值消耗的 GPU 时间也更长，导致出图速度更慢。

　　一般来说，q 参数值的取值范围为 0.25 ~ 2，通常表示为 --q.25、--q.5、--q 1、--q 2，系统默认的 q 参数值为 1。q 参数的参考值见表 4.4-1。

表 4.4-1　q 参数的参考值

q 参数值	说　明
--q.25	最快得到结果。速度提高 4 倍，GPU 渲染分钟数减少 3/4
--q.5（Half quality）（半质量）	减少细节。速度提高 2 倍，GPU 渲染分钟数减少 1/2
--q 1（Base quality）（基本质量）	默认设置，细节和速度之间的平衡
--q 2（High quality）（高质量）	质量最高，渲染速度最慢

　　接下来看一下不同的 q 参数值对生成的图像造成的影响，如图 4.4-1 ~ 图 4.4-3 所示。

图 4.4-1　　　　　　　　　图 4.4-2　　　　　　　　　图 4.4-3

　　从图中可以看出，当 q 参数值为 q.25 时（图 4.4-1），生成的小猫图像精细度最低。而后随着 q 参数值的增长，生成的小猫图像质量更高，细节更完善。

> **TIPS**
>
> 　　V5 版本最高支持 --q 1，就算输入 --q 2 也会向下兼容 --q 1。如果想使用 --q 2，可以使用 V1 ~ V3 模型。各版本与 q 参数的兼容性见表 4.4-2。
>
> 表 4.4-2　各版本与 q 参数的兼容性
>
> | 模型版本 | --q.25 | --q.5 | --q 1 | --q 2 |
> | --- | --- | --- | --- | --- |
> | V5 | √ | √ | √ | — |
> | V4 | √ | √ | √ | — |
> | V3 | √ | √ | √ | √ |
> | V2 | √ | √ | √ | √ |
> | V1 | √ | √ | √ | √ |
> | niji | √ | √ | √ | — |

4.5 ar 尺寸参数

Midjourney 默认的图像比例为 1：1，当用户需要生成一张比例为 3：4 的图像时，就可以在提示词的最后输入 --ar 3：4（宽高比 3：4），如图 4.5-1 所示。生成结果如图 4.5-2 所示。

图 4.5-1

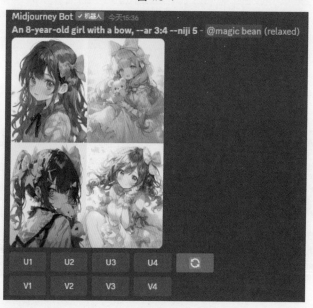

图 4.5-2

TIPS

　　Midjourney 的尺寸调整需要使用整数，比如，可以使用 157：100 代替 1.57：1。

4.6 其他常见参数一览

　　在使用 Midjournry 生成图像时，除了以上介绍的几种参数，还有其他一些常见参数，见表 4.6-1。

表 4.6-1　常见参数

参　数	说　明
--chaos 或 --C	设置创意程度
--stop	暂停生成进度

参　数	说　明
--tile	生成无缝贴图
--creative 与 --test	使用测试算法模型（增加创意）
--uplight	在放大图像时添加少量细节纹理
--upbeta	在放大图像时不添加细节纹理
--upanime	在放大图像时增加动画插画风格
--hd	生成高清图
--seed 与 --sameseed	获取 seed（种子）值（具体操作方法详见第 7 章）
--video	生成渲染过程的演示视频（在 V4 和 V5 版本中无法使用）
--repeat	重复生成图像

TIPS

在使用 Midjourney 的过程中，往往在提示词最后输入参数，格式如下：空格 +--
+ 参数名称 + 空格 + 参数值。

当同时设置多个参数时，不同的参数之间也需要用空格隔开，不能用逗号。格式
如下：空格 + 参数 1 名称 + 空格 + 参数 1 参数值 + 空格 + 参数 2 名称 + 空格 + 参数
2 参数值……以此类推。需要注意的是，参数越靠前，优先级越高，所以在输入参数时，
如果涉及多个参数，还需要根据要生成的图像效果考虑各个参数的先后顺序。

✐读书笔记

第 5 章

除了常见的命令，Midjourney
的设置面板中还有一些比较特殊的
命令，同样会影响出图效果。本章
将详细介绍 Midjourney 几个特殊
命令的使用方法。

其他 3 个特殊命令的使用

Use of the Other Three Special Commands

5.1 Zoom 按钮的使用

在实际使用 Midjourney 的过程中，有时需要调整画面的构图，为后期处理腾出空间，但又不想改变图像的主体内容，这时可以使用 Zoom 按钮对图像的主体进行缩小，如图 5.1-1 所示。

图 5.1-1

◎ **Zoom Out 2x**：缩小 2 倍，将画面推远 2 倍。

◎ **Zoom Out 1.5x**：缩小 1.5 倍，将画面推远 1.5 倍。

◎ **Custom Zoom**：自定义缩放大小。自定义放大调整，会弹出文本框，可以调整缩放的提示词，以及图像比例。如果不放大，仅仅是调整比例，可以输入 --zoom 1 --ar ×××（新的宽高比），如图 5.1-2 所示。

图 5.1-2

接下来看一下用了 Zoom 按钮后生成的图像的区别，分别如图 5.1-3 ~ 图 5.1-6 所示。

图 5.1-3

图 5.1-4

Zoom Out 1.5x　　　　Custom Zoom ––ar 3:4

图 5.1–5　　　　　　　图 5.1–6

5.2 无损放大功能的使用

如果需要印刷 Midjourney 生成的图像，又担心尺寸和分辨率不够，可以使用 Upscale 功能提高图像的质量，如图 5.2–1 所示。

图 5.2–1

◉ Upscale(2x)［高挡（2x）］：分辨率无损放大 2 倍。
◉ Upscale(4x)［高挡（4x）］：分辨率无损放大 4 倍。

接下来看一下用了 Upscale 功能后生成的不同分辨率的图像之间的区别，分别如图 5.2–2 ~ 图 5.2–4 所示。

原图　　　　　Upscale (2x)　　　　Upscale (4x)

图 5.2–2　　　　　图 5.2–3　　　　　图 5.2–4

5.3 /describe 命令的使用

/describe 命令允许用户上传图像并获得 4 段大致描述图像的文本提示。这些提示之后可用于生成与原图像类似的图像。比如已有一张参考图，希望 Midjourney 能生成风格相似的图像，就可以使用 /describe 命令反推提示词，以提供参考。

步骤① 在文本框中输入"/"，选择 /describe 命令，如图 5.3-1 所示。

步骤② 在对话框中单击 image1 的上传按钮，如图 5.3-2 所示。

图 5.3-1   图 5.3-2

步骤③ 在弹出的对话框中选择需要上传的参考图，按 Enter 键发送命令，将参考图上传，如图 5.3-3 所示。

图 5.3-3

步骤④ 等待片刻后，Midjourney 将显示出 4 段提示词。每段提示词都能重新生成 4 张图像，图像下方蓝底白字的数字按钮 1 ～ 4 即对应了 4 段提示词，如图 5.3-4 所示。

步骤⑤ 单击█数字按钮，在弹出的对话框中可以根据自身需求修改提示词，修改完成后，单击右下角的"提交"按钮，如图 5.3-5 所示。

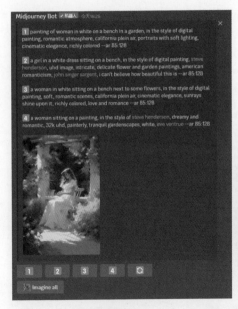

图 5.3-4   图 5.3-5

步骤⑥ 此时将显示根据第 1 段提示词生成的 4 张新图像，如图 5.3-6 所示。

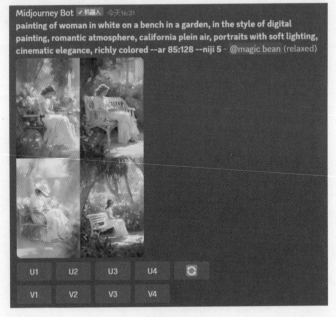

图 5.3-6

步骤⑦ 如果对本次生成的 4 段提示词都不满意，可以返回步骤④，单击右下角的 ⚙ 按钮，重新生成新的 4 段提示词。

第6章

用 Midjourney 生成图像，虽然操作难度低、出图速度快，但随机性较高，在实际使用时可以通过一些方法来降低随机性，把控画面的精准度。本章将具体介绍确保图像稳定性的方法。

如何确保图像的稳定性

How to Ensure the Stability of the Image

6.1 万能绘画公式的使用

在使用 Midjourney 生成图像时，部分初学者可能不知道该如何描述自己想要的画面，这时可以考虑使用万能绘画公式，即"绘画主体 + 场景 + 风格 + 画质 + 基础参数"。

6.1.1 万能绘画公式的使用方法

比如，想要画一只趴在窗台上的小猫，就可以按照万能绘画公式来输入相应的提示词，见表 6.1-1。

表 6.1-1 提示词

公 式	提 示 词
绘画主体	There is a kitten on the windowsill, wooden table, glass vase （窗台上有只小猫，木桌，玻璃花瓶）
场景	Morning light, asymmetrical composition（晨光，不对称构图）
风格	Anime style（动漫风格）
画质	HD（高清）
基础参数	--ar 3：4 --niji 5（出图比例 3：4，版本 niji 5）

由上述万能绘画公式生成的图像效果如图 6.1-1 所示。

图 6.1-1

6.1.2 如何替换万能绘画公式中的要素

用户可以根据自身需求任意调整公式中的提示词，并进行随机搭配，生成自己的绘画公式。

比如，想要生成一张线稿风格的小狗图像，就可以在之前的绘画公式里进行调整。

步骤① 对现有的提示词进行分析，将绘画主体部分的 There is a kitten on the windowsill（窗台上有只小猫）替换为 There is a little dog on the windowsill（窗台上有只小狗）。

步骤② 同理，将 Anime style（动漫风格）替换为这次想要的 Black and white line art sketch style（黑白线稿草图风格）。但需要注意的是，为了配合图像的风格，应该删除场景中有关光线的提示词 Morning light（晨光）。

步骤③ 为了让图像呈现出更真实的效果，将版本由 niji 5 更改为 V5.2。
更改后的提示词见表 6.1-2。

表 6.1-2 提示词

公 式	提 示 词
绘画主体	There is a little dog on the windowsill, wooden table, glass vase（窗台上有只小狗，木桌，玻璃花瓶）
场景	Asymmetrical composition（不对称构图）
风格	Black and white line art sketch style（黑白线稿草图风格）
画质	HD（高清）
基础参数	--ar 3：4 --v 5.2（出图比例 3：4，版本 V5.2）

替换部分提示词后生成的图像效果如图 6.1-2 所示。

图 6.1-2

6.2 把握提示词

提示词是 AI 绘画的核心和主体，只有提示词足够精准，生成的画面才能满足用户的需求。接下来介绍把握提示词的一些注意事项。

6.2.1 名词的准确性

比如，想要生成一张法国著名物理学家皮埃尔·居里的画像，在 Midjourney 的文本框中输入提示词 Portraits of Curie, drawings（居里的肖像，素描）后，生成的图像如图 6.2-1 所示。

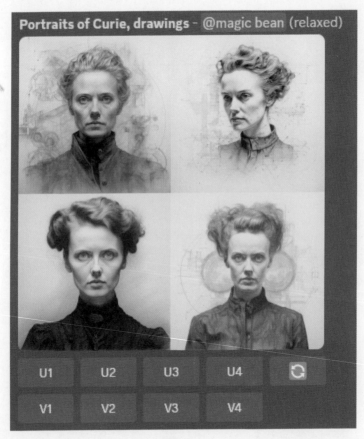

图 6.2-1

从图 6.2-1 中可以看出，Midjourney 机器人将提示词中的皮埃尔·居里误认为了他的夫人玛丽·居里，所以生成的都是女性肖像。这是因为输入的人物名不够精准，将提示词替换为 Portraits of Pierre Curie, drawings（皮埃尔·居里的肖像，素描）后，生成的图像就符合绘画要求了，如图 6.2-2 所示。

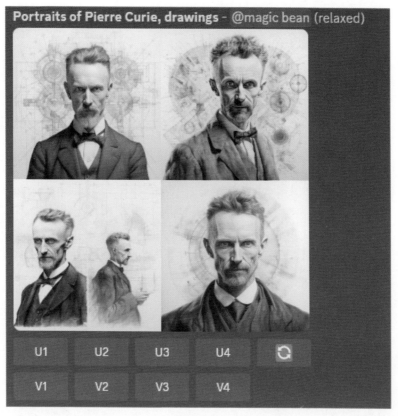

图 6.2-2

6.2.2 提示词的矛盾检查

比如，想要生成一张蓝眼睛的女孩图像，在 Midjourney 的文本框中输入提示词 Asian girl, long hair, blue eyes（亚洲女孩，长头发，蓝眼睛）后，生成的图像如图 6.2-3 所示。

图 6.2-3

图 6.2-3（续）

这时可以发现，尽管输入了 blue eyes 这样的提示词，生成图像中的人物仍然有着黑色的眼睛。这是因为另一个提示词 Asian girl 中包含了 black eyes，而这与后面的 blue eyes 矛盾。将提示词替换为 A girl, long hair, blue eyes（一个女孩，长头发，蓝眼睛）后，生成的图像就符合绘画要求了，如图 6.2-4 和图 6.2-5 所示。

图 6.2-4

图 6.2-5

6.3 特殊参数的使用

想要进一步把握画面的精准度，除了输入提示词，还需要结合一些特殊参数一起使用，才能达到事半功倍的效果。

6.3.1 :: 加权重符号的使用

在 Midjourney 中，可以用两个半角冒号 "::" 表示该提示词的占比权重。除此之外，"::" 还可以作为分隔符，分别处理两个或多个单独的提示词。

比如输入提示词 baby corn（玉米笋），生成的图像如图 6.3-1 所示。

在刚才的提示词中加上分隔符，则提示词被拆分为 baby:: corn（孩子和玉米），生成的图像则如图 6.3-2 所示。

图 6.3-1　　　　　　　　　　　图 6.3-2

实际上，这里的 baby:: corn 是 baby :: 1 corn :: 1 的缩写。在 "::" 加权重符号后加上一个数值，可以让符号前的提示词权重增大至相应的比例。比如，这时孩子和玉米的权重比例就是 1∶1，因此画面中孩子和玉米所占的比例是差不多的。

当将孩子和玉米的比例调整至 2∶1 时，输入提示词 baby::2 corn，生成的图像则如图 6.3-3 所示。此时画面中玉米的占比更小了——以玉米粒的形式出现。

图 6.3-3

在 V1 ~ V3 版本中，只能输入整数的权重值；在 V4 ~ V5.2 版本中，可输入小数权重值。

当权重值为 0.5 时，0 可以省略，写作"::.5"。而"::.5"的效果和 no 排除参数效果相同（具体见 6.3.2 小节），表示避免图像中出现某种元素。

baby::2 corn、baby::40 corn::20、baby::9.2 corn::4.6 等写法都表示 baby（孩子）的权重是 corn（玉米）的 2 倍。"::"加权重符号与具体数值无关，只与数值间的比有关。

"::"会影响符号前所有的提示词，直到出现新的"::"符号。比如，当提示词为 Sunflower, rose::3, lily, lavender::2 时，"::3"影响的是 Sunflower 和 rose，"::2"影响的是 lily 和 lavender。

6.3.2 no 排除参数的使用

有时，Midjourney 生成的图像可能自动包含一些与用户设想不一致的特征或物体，这时就可以用 Midjourney 的 no 排除参数来调整提示词。

no 排除参数可以帮助用户避免生成的图像中出现不想要的元素。比如，现在想生成一张走在大街上的女孩的图像。

步骤① 单击 Midjourney 对话框，输入"/"后选择 /imagine 命令，在 prompt 框中输入插图提示词，如图 6.3-4 所示。

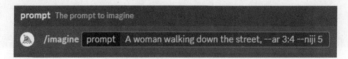

图 6.3-4

步骤② 这时生成的图像基本如图 6.3-5 和图 6.3-6 所示，几乎默认女性为长发。

图 6.3-5

图 6.3-6

但如果需要的是一个短发的女孩，就可以使用 no 排除参数进行提示词的调整。

单击右下方的 按钮，在弹出的对话框中添加 no long hair（不要长发）这样的提示词。完成后单击"提交"按钮，如图 6.3-7 所示。

图 6.3-7

步骤③ 在用 no 排除参数设置头发的长短后，生成的图像就不会再出现长发女孩了，如图 6.3-8 所示。

图 6.3-8

图 6.3-8（续）

6.4 如何利用 Vary 功能进行迭代和局部重绘

在使用 Midjourney 生成单独的图像后，下方会跟随一些功能按钮，如图 6.4-1 所示，其中一些已经在入门篇中介绍过。下面介绍第 1 行中与 Vary 相关的按钮的作用。

图 6.4-1

Vary 主要用于重绘图像。

◉ Vary (Strong)［变化（强）］：在原图的基础上，会重新生成 4 张新的图像，风格相同，但在细节上有明显的不同，如构图、发饰、脸部细节、背景等，如图 6.4-2 所示。

◉ Vary (Subtle)［变化（微弱）］：在原图的基础上，会重新生成 4 张新的图像，但在细节上有微妙的不同，如眼神、发丝等，如图 6.4-3 所示。

图 6.4–2 　　　　　　　　　　　　　图 6.4–3

⦿ Vary (Region) ［变化（局部）］：在原图的基础上，可以对重新选取的部分区域进行重新生成。比如，将图像中衣服颜色的提示词更换为 White clothes（白色衣服）。具体操作步骤如下。

步骤① 在生成的图像中选择一张需要进行局部调整的图像，如图 6.4–4 所示。

图 6.4–4

步骤② 在单独输出的高清图像中，单击 Vary(Region) 按钮，如图 6.4–5 所示。

图 6.4-5

步骤③ 在弹出的窗口中单击左下角的套索工具，勾出需要重新生成的区域，如图 6.4-6 所示。

图 6.4-6

步骤④ 在局部重绘窗口下方选择提示词中需要更改的描述，如图 6.4-7 所示。将提示词更改为 White clothes（白色衣服），如图 6.4-8 所示。

图 6.4-7

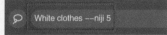

图 6.4-8

步骤⑤ 单击文本框右侧的按钮，发送提示词，生成局部重绘的图像，如图 6.4-9 所示。

图 6.4-9

除了使用套索工具，框选工具同样能达到不错的效果。二者的区别是：套索工具适合不规则区域的框选，而框选工具适合规则区域的框选。比如，当想要将人物的瞳色由红色改为蓝色时，就可以使用框选工具进行选取并进行重绘。具体操作步骤如下。

步骤① 在单独输出的高清图像中，单击 Vary(Region) 按钮。在弹出的窗口中单击左下角的框选工具，选择需要重新生成的区域，如图 6.4-10 所示。

图 6.4-10

步骤② 在局部重绘窗口下方选择提示词中需要更改的描述，如图 6.4-11 所示。将提示词更改为 Blue eyes（蓝色眼睛），如图 6.4-12 所示。

图 6.4-11　　　　　　　　　图 6.4-12

步骤③　单击文本框右侧的按钮，发送提示词，生成局部重绘的图像，如图 6.4-13 所示。

图 6.4-13

✏️读书笔记

提高篇

第7章

Midjourney 绘图具有随机性。当希望生成的图像主体不变，只是场景有所变化时，可以通过它的扩图功能和设置 seed 值两种方式来把控图像。本章将具体讲解如何使用这两种方法保持主体内容不变。

如何保持主体内容不变

How to Keep the Main Content Consistent

7.1 了解 seed 值

　　seed（种子）值是由 Midjourney 内置的算法为生成的每张图像随机分配的编码。Midjourney 可以使用种子编号创建一个初始图像，作为生成初始图像网格的起始画面，如图 7.1–1 所示。

　　每张图像的 seed 值都是随机生成的，但可以使用特定参数来指定。Midjourney 不会对相同的 seed 值产生完全相同的结果，因此，用户可以通过使用相同的 seed 值和提示词，生成相似的宫初始图像，然后在此基础上再生成连贯一致的人物形象或场景，如图 7.1–2 和图 7.1–3 所示。

TIPS ○

　　seed 值默认是随机数，但接受范围为 0 ～ 4294967295 内的任意整数。

　　更接近的 seed 值并不会生成更相似的图像，seed 值只是为生成图像获取相同起始数据的一种方式，无论数值有多接近，两个不同的 seed 值都具有完全不同的起始数据。换句话说，seed 200 并不会比 seed 10 看起来与 seed 201 更相似。

　　Midjourney V5 版本无法获取单独放大后的图像的 seed 值，四宫格小图共同的 seed 值和单独图像的 seed 值是完全相同的，并且利用该 seed 值生成的图像和原本的图像完全一致。

图 7.1–1

图 7.1-2　　　　　　　　　　　图 7.1-3

7.2 利用 seed 值绘制主体相同的多幅画面

　　如果想用 seed 值进行绘图，首先需要查找图像的种子编号，再用 seed 值来绘制画面。这里使用 V4 版本来演示。具体操作步骤如下。

　　步骤①　单击 Midjourney 对话框，输入"/"后选择 /settings 命令，如图 7.2-1 所示，按 Enter 键发送命令后，在版本列表中选择 V4 版本，如图 7.2-2 所示。

图 7.2-1　　　　　　　　　　　图 7.2-2

　　步骤②　选择自己满意的单张图像，放大后右击，在弹出的快捷菜单中选择"添加反应"→"显示更多"命令，如图 7.2-3 所示。

图 7.2-3

步骤③ 在弹出的界面中选择 ✉ 图标，如图 7.2-4 所示。

> **TIPS**
>
> 第一次使用时，界面中可能并不会出现 ✉ 图标，这时可以在搜索框中输入 envelope，在出现的图标中单击第一个信封图标即可，如图 7.2-5 所示。

图 7.2-4   图 7.2-5

步骤④ 等待片刻后，界面左上方会显示收到了一条来自 Midjourney 的私信，如图 7.2-6 所示。单击 Midjourney Bot 图标，可以查看带有图像 seed 值的私信，如图 7.2-7 所示。

图 7.2-6   图 7.2-7

步骤⑤ 在相同的提示词后添加图像的 seed 值。同时，用户还可以在此基础上采用垫图的方式复制图像链接，以确保生成图像的稳定性，如图 7.2-8 所示。

图 7.2-8

步骤⑥ 生成的图像如图7.2-9所示。由此可以看出，虽然添加seed值后带来了一定的稳定性，保证了构图的大体一致，但很多细节部分仍然有区别，所以仍然需要对图像进行筛选和微调。

图 7.2-9

✏️ 读书笔记

第 8 章

Midjourney 推出了 Style tuner
（风格调整器），可以帮助用户更
好地控制图像的风格。同时，通过
训练模型，稳定出图风格。本章将
详细讲解如何训练自己的模型。

如何训练自己的模型

How to Train Your Own Model

8.1　了解 Style tuner 的功能

Style tuner 可以帮助用户训练自己的"风格"模型，不仅包括颜色、灯光等元素，还包括构图、纹理、人物细节，以及生成图像的整体情绪或氛围的处理方式等，通过对风格的筛选，可以让 Midjourney 生成的图像更符合用户的审美。

8.2　如何利用 Style tuner 训练自己的模型

比如，想用 Midjourney 画一只水彩风格的鹿，在输入与鹿相关的提示词后，Midjourney 生成的图像如图 8.2-1 所示，偏向魔幻现实风，和想要的感觉并不一致。这时，可以使用 Style tuner 训练自己的模型，让生成的图像更贴近用户想要的风格。具体操作步骤如下。

图 8.2-1

步骤①　单击 Midjourney 对话框，输入"/"后选择 /tune 命令，如图 8.2-2 所示。

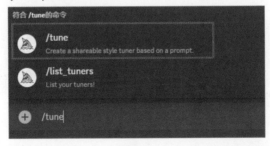

图 8.2-2

步骤②　在 prompt 框中输入提示词。这里的提示词只用于描述用户想要拿来测试风格模型的主体，不用输入其他具体的形容词，只输入主体名词即可。例如，想要画一只鹿，如图 8.2-3 所示。

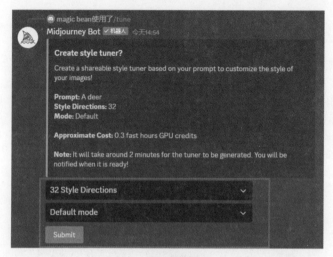

图 8.2-3

步骤③ 输入完成后，按 Enter 键发送命令，随后会弹出如图 8.2-4 所示的界面。

图 8.2-4

　　界面中有两个下拉列表框，第一个下拉列表框用于选择在样式调谐器中看到的图像对数量（16、32、64 或 128 对）。数量越多，训练出来的图像风格越精确，但同时也会消耗更多的 GPU 时间。一般选择默认的 32 Style Directions。

　　第二个下拉列表框用于选择图像在什么模型下训练，这会影响图像的真实度和颗粒感，目前有 Default mode（默认模式）和 Raw mode（原始模式）两种。原始模式下的图像贴近胶片相机和单反相机所拍照片的质感，逼真的同时也会保留一些人工的痕迹；而默认模式则避免了这一点。所以一般选择 Default mode。

步骤④ 确定后单击最下方的 Submit 按钮，系统会提醒用户要花费一定量的 GPU 时间，如图 8.2-5 所示。没有问题的话单击 Are you sure?（Cost: 0.3 fast hrs GPU credits）按钮，系统会开始生成图像。

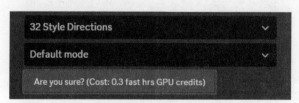

图 8.2-5

步骤⑤ 确认提交后等待一段时间，在 Midjourney 完成对风格调整器选项的处理后，会弹出 Style Tuner Ready! 的提示。单击蓝字链接，即可进入训练界面，如图 8.2-6 所示。

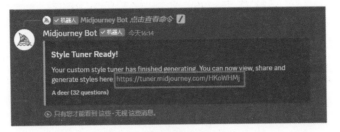

图 8.2-6

步骤⑥ 接下来可以看到训练界面中显示了多行图像对，而每张图像对代表着不同的视觉方向。用户可以根据自身需求和审美单击每对中更喜欢的图像，如果对左右两组图像都不满意，就单击中间的空框。Midjourney 将结合用户选中的所有图像的风格，将其应用到同一组合中，而这一组合风格就可以应用到今后所有的图像上，如图 8.2-7 所示。

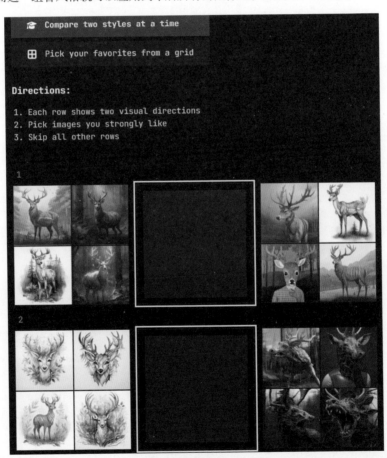

图 8.2-7

一般情况下，选择的图像越多，训练的效果会越好。但也不建议风格太多，建议选择 5 ~ 10 种风格的图像进行训练。

在所有组合选择完成后，网页最下方会出现一串代码，如图 8.2-8 所示，复制代码，回到 Midjourney 页面。

图 8.2-8

步骤⑦ 在 Midjourney 界面下方的文本框中输入"/"后选择 /imagine 命令，在提示词后面将刚才复制的代码添加到 --style 参数后，按 Enter 键发送命令，如图 8.2-9 所示。

图 8.2-9

这时 Midjourney 生成的图像就贴近用户想要的风格了，如图 8.2-10 所示。

图 8.2-10

TIPS

目前只有 V5.2 版本支持训练。

Midjourney 还支持融合模型，可以使用 --style code1-code2-code3 这样的参数格式。

Style tuner 可以反复训练，用户可以将训练的网址链接保存下来。如果对生成的图像仍然不满意，用户随时可以返回训练界面重新选择，从而创建新的样式代码。

如果不确定自己喜欢的风格，可以使用 --style random，Midjourney 每次都会给一个随机的样式代码，方便用户进行尝试。

实践篇

第9章

插画是现代艺术设计的重要
形式，其以生动的视觉表现力，在
社会、商业等多个领域都扮演着重
要的角色。然而，插画的创作过程
往往复杂耗时，而Midjourney可
以提高人们绘制插画的效率，同时
可以在色彩和构图上激发创作者的
创意和灵感。本章将讲解如何用
Midjourney绘制插画。

插画绘制

Illustration Drawing

9.1 插画基础知识

插画是一种可以传达信息、表达情感和创造美感的艺术形式。基础插画包括线条、色彩、光影等内容。线条是插画的基础，漂亮的线条可以帮助插画师准确塑形并拉出结构；色彩可以增强视觉效果，更好地凸显实物；光影可以帮助构建立体形状，以增强插画的空间感。

1. 常见的插画风格

插画风格不胜枚举，根据内容主要分为以下 4 种。

（1）扁平风格

扁平风格的插画是一种弱化细节的表现，并不完全表现真实的物体，而是对外形进行总结概括，而后提取特征，保留物体原有辨识度的一种插画风格，如图 9.1–1 ~ 图 9.1–4 所示。

图 9.1–1

图 9.1–2

图 9.1–3

图 9.1–4

图 9.1-1 **提示词**

Flat illustration style, a cool Chinese girl, ancient black hair style, wearing a red coat, wearing earrings, smile, off-white background, 4K, --ar 3 ∶ 4 --niji 5

图 9.1-2 **提示词**

College freshmen start school, in a line, cheerful atmosphere, flowers, fashion textured illustration, flat illustration, clean and simple, white background, colorful illustrations, simple minimal, vector, --ar 2 ∶ 3 --niji 5

图 9.1-3 **提示词**

Flat vector art illustration, travel poster featuring, the London Eye, pastel yellow and green, wide angle, 8K, --ar 2 ∶ 3 --v 5.2

图 9.1-4 **提示词**

Flat vector illustrations, mountainous vistas, nature and landscape, Europe, naturalistic color palette, --ar 3 ∶ 4 --niji 5

（2）涂鸦风格

涂鸦风格的插画，以大胆、自由的特性著称，常常展现出生动的线条和鲜明的色彩对比，深受现代设计和流行文化受众的喜爱，如图 9.1-5 ～ 图 9.1-8 所示。

图 9.1-5

图 9.1-6

图 9.1-5 **提示词**

A girl with an umbrella, in the rain, childlike, doodle in the style of Keith Haring, sharpie illustration, background is blue and yellow, --s 750 --ar 3 ∶ 4 --niji 5

图 9.1-6 **提示词**

A young boy with bag and various shapes in a colorful design, graffiti, in the style of chaotic expressionism, colorful pop, layered colors, vibrant manga, gray and bronze, anime aesthetic, in the style of anime art, light orange and dark gray, colorful costumes, --ar 3 ∶ 4 --niji 5

图 9.1-7　　　　　　　　　　　图 9.1-8

图 9.1-7　提示词

Graffiti, in the style of Keith Haring, in the style of grunge beauty, a cartoon cute girl with a skateboard, long curly hair, wearing a T-shirt and sneakers, kittens on the ground, green background, sharpie illustration, bold lines and solid colors, mixed patterns, text and emoji installations, --niji 5

图 9.1-8　提示词

Graffiti, in the style of Keith Haring, in the style of grunge beauty, skateboarding cartoon character girl in green jacket, colorful grotesques, mashup of styles, comic art, blue background, --niji 5

（3）动漫风格

动漫风格的插画强调角色的情感表达和动态感的表现，常用于叙述故事和刻画角色。它的独特造型和饱满的情感色彩，使其深受各年龄段受众的喜爱，如图9.1-9 ～ 图9.1-12所示。

图 9.1-9　　　　　　　　　　　图 9.1-10

图 9.1–9　提示词

Clouds and snow, in the style of anime–inspired, atmospheric cityscapes, painted illustrations, light bronze and blue, art animation, 8K, ––ar 2∶3 ––niji 5

图 9.1–10　提示词

Pink cherry blossom trees, in the style of Atey Ghailan, street scene, dusty piles, light red and light azure, cute and dreamy, art animation, ––ar 2∶3 ––niji 5

图 9.1–11

图 9.1–12

图 9.1–11　提示词

Character sheet, full body, the boy who drives the race car, black hair, blue eyes, holding the red racing helmet, in racing gear, clean background, HD, –– ar 3∶4 ––niji 5

图 9.1–12　提示词

A beautiful girl, black long curly hair, vintage style, yellowed texture, art by Kurahashi Rei, front view, background is a wall composed by newspapers, 4K, ––ar 3∶4 ––niji 5

（4）写实风格

写实风格的插画追求极致的形象、逼真和生动，需要通过对物体外部的观察和揣摩来实现，是插画应用最广泛、最传统的表现形式，如图 9.1–13 ～ 图 9.1–16 所示。

9

图 9.1-13　　　　　　　　　　　图 9.1-14

图 9.1-13　提示词

Colored pencil drawing, line art, accentuate the line, sketch works with realistic super detail portrait style, super realistic sketch, portrait close-up of a young European girl, elegant and charming temperament, HD, --ar 2∶3 --v 5.2

图 9.1-14　提示词

Realistic characters, characters, the profile of a girl reading a book, the background is a bookstore, warm lighting, meticulous details, high definition, rich texture, highlight performance, 8K, --s 200 --ar 2∶3 --v 5.2

图 9.1-15　　　　　　　　　　　图 9.1-16

图 9.1-15 **提示词**

The frozen lake, rocks on the shore, sunsets, mists, landscape photo, sharp focus, highly detailed, insanely detailed, high quality,high resolution, ultra-realistic, photo realistic, photo realism, intricate details, 8K, --ar 2∶3 --v 5.2

图 9.1-16 **提示词**

In the rain in the city, neon-lit urban style, misty blue, crowd, city street, tall buildings by the street, city scape, modern impressionism, in the style of Evgeny Lushpin, HD, --ar 2∶3 --v 5.2

2. 常见的插画应用领域

插画常被应用于商业领域。如今通行于市场的商业插画主要包括出版物配图（书籍封面、内页、外套、内容辅助等使用的插画）、商业宣传（报纸、杂志、海报、广告牌、宣传单等使用的插画）、形象设计（商品标志、卡通吉祥物、IP 设计等）、游戏设计（游戏人物设定、场景设计、宣传插画等）和影视插画（影视剧、广告片等方面的角色及环境美术设计）。

3. 常用的插画提示词

人物插画

Realistic characters, vintage style, character sheet, full body, beautiful face, delicate face, handsome face, watery eyes, bright eyes, long hair, round face, blonde, curly hair, freckles, blush, fair skin, high nose bridge, crescent eyes, small dimples, smooth skin, wheat-colored skin

逼真的人物，复古的风格，单人，全身，漂亮的脸，精致的脸，帅气的脸，水汪汪的眼睛，明亮的眼睛，长发，圆脸，金发，卷发，雀斑，脸红，皮肤白皙，高鼻梁，新月形的眼睛，小酒窝，光滑的皮肤，小麦色的皮肤

景物插画

Street, school, hospital, bookshop, restaurant, amusement park, cafe, florist, supermarket, snowy day, rainy day, rainbow, cloudy, lightning, foggy, rainstorm, wind, tall buildings by the street, landscape

街道，学校，医院，书店，餐厅，游乐园，咖啡厅，花店，超市，下雪天，雨天，彩虹，阴天，闪电，雾天，暴雨，大风，路边高楼，景观

常见风格

Flat illustration, impressionistic line drawing, ink wash painting, line drawing, modernist, outline drawing, realistic, scribble drawing, silhouette drawing, sketching, sumi-e, art animation, graffiti, in the style of Keith Haring, Miyazaki Hayao style

扁平插画，印象派线条画，水墨画，线条画，现代派，轮廓画，现实主义，涂鸦画，剪影画，速写，水墨画，艺术动画，涂鸦，凯斯·哈林风格，宫崎骏风格

9.2 制作装饰插画

在日常生活中，装饰插画通常用来提升家居环境舒适度，合理的布置可以遮挡住原先装修设计中的瑕疵，并展示审美和个性。

若想为自己家制作一张独一无二的装饰插画，那么 Midjourney 可以提供很大的帮助。接下来一起看看以下案例吧。

1. 最终效果图和制作思路

最终效果图如图 9.2-1 所示，制作思路如图 9.2-2 ~ 图 9.2-4 所示。

图 9.2-1

图 9.2-2

图 9.2-3

图 9.2-4

制作思路

（1）用 Midjourney 生成图像。

（2）用 Midjourney 生成空白样机图。

（3）用稿定设计嵌入插画。

2. 步骤详解

步骤① 单击 Midjourney 对话框，输入"/"后选择 /imagine 命令，在 prompt 框中输入插图提示词，如图 9.2-5 所示。

图 9.2-5

提示词：Acrylic painting, colorful painting of plants, in the style of palette knife, detailed miniatures, impressionist sensibilities, hard edge painting, light magenta and yellow, gave the a three-dimensional quality, abstract, dripping, impasto, thick brush strokes, 8K, --ar 3 : 4 --v 5.2

（丙烯画，彩色植物画，调色刀风格，细部微缩，印象派感性，硬边画，浅品红色和黄色的风格，三维的质量，抽象，滴水，浓墨重彩，粗笔触，8K，出图比例 3 : 4，版本 v 5.2）

步骤② 在生成的图像中选择自己想要的图像（U3），如图 9.2-6 所示。单击大图，选择用浏览器打开，在图像上右击，在弹出的快捷菜单中选择"保存图片"命令。完成后的效果见图 9.2-2。

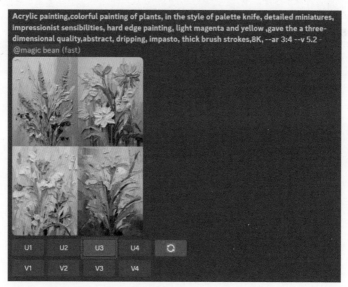

图 9.2-6

步骤③ 单击 Midjourney 对话框，输入"/"后选择 /imagine 命令，在 prompt 框中输入样机提示词，如图 9.2-7 所示。

图 9.2-7

提示词：Mockup empty, plain surface, clean background is a living room, there is a blank decorative painting on the wall, 8K, --ar 3 : 4 --v 5.2

（空白的样机，干净的表面，背景干净且是一间客厅，墙上有一幅空白装饰画，8K，出图比例 3：4，版本 v 5.2）

步骤④ 在生成的图像中选择自己想要的图像（U4），如图 9.2-8 所示。单击大图，选择用浏览器打开，在图像上右击，在弹出的快捷菜单中选择"保存图片"命令。完成后的效果见图 9.2-3。

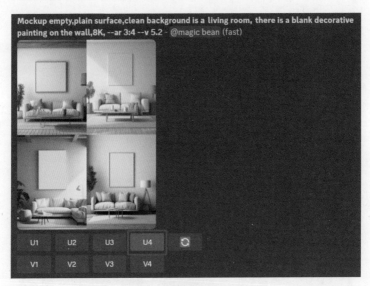

图 9.2-8

步骤⑤ 打开稿定设计，在界面左侧单击"设计工具"按钮，在右侧双击"图片编辑"选项，如图 9.2-9 所示，并上传 Midjourney 生成的样机图，如图 9.2-10 所示。

图 9.2-9

图 9.2-10

稿定设计是一个设计网站，在浏览器中输入"稿定"即可搜索到该网站。读者也可以根据自身需求用其他方式实现图像的后续处理。

步骤⑥ 在界面左侧选择"我的"选项，再选择"上传素材"选项，上传 Midjourney 生成的插画，如图 9.2-11 所示。调整插画大小并移动至空白画框中，如图 9.2-12 所示。完成后的效果见图 9.2-4。

图 9.2-11   图 9.2-12

3. 举一反三

制作思路

（1）用 Midjourney 生成图像，如图 9.2-13 所示。
（2）用 Midjourney 生成空白样机图，如图 9.2-14 所示。
（3）用稿定设计嵌入插画，如图 9.2-15 所示。

图 9.2-13   图 9.2-14   图 9.2-15

作者心得

    考虑到插画用于给客厅做装饰，因此在用 Midjourney 出图时，可以多考虑生成景色或氛围感插画，而且可以根据画框的大小和家居的整体风格来调整生成的插画的比例、构图和艺术形式，这样才能让装饰画和客厅更匹配。

9.3 制作壁纸

手机、计算机桌面的壁纸可以开启人们一天的好心情，但找到自己心仪的壁纸也是一件不容易的事。如果用 Midjourney 直接输入自己想要的壁纸的提示词，一切就会简单很多。接下来一起看看以下案例吧。

1. 最终效果图和制作思路

最终效果图如图 9.3-1 所示，制作思路如图 9.3-2 ~ 图 9.3-4 所示。

图 9.3-1

图 9.3-2

图 9.3-3

图 9.3-4

制作思路

（1）用 Midjourney 生成图像。

（2）用 Midjourney 生成空白样机图。

（3）用稿定设计嵌入插画。

2. 步骤详解

步骤① 单击 Midjourney 对话框，输入"/"后选择 /imagine 命令，在 prompt 框中输入插画提示词，如图 9.3–5 所示。

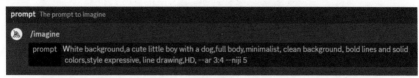

图 9.3–5

提示词：White background, a cute little boy with a dog, full body, minimalist, clean background, bold lines and solid colors, style expressive, line drawing, HD, --ar 3：4 --niji 5

（白色背景，一个可爱的小男孩带着一只狗，全身，极简主义，干净的背景，大胆的线条和纯色，风格表现力强，线条绘制，高清，出图比例 3：4，版本 niji 5）

步骤② 在生成的图像中选择自己想要的图像（U2），如图 9.3–6 所示。单击大图，选择用浏览器打开，在图像上右击，在弹出的快捷菜单中选择"保存图片"命令。完成后的效果见图 9.3–2。

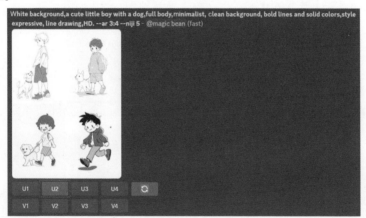

图 9.3–6

步骤③ 单击 Midjourney 对话框，输入"/"后选择 /imagine 命令，在 prompt 框中输入样机提示词，如图 9.3–7 所示。

图 9.3–7

提示词：Mockup empty, plain surface, clean background is a desk, there is a blank wallpaper phone model ,8K, --ar 3：4 --v 5.2

（空白的样机，干净的表面，背景干净且是一张书桌，模型手机上是空白的壁纸，8K，出图比例 3：4，版本 v 5.2）

步骤④ 在生成的图像中选择自己想要的图像（U3），如图 9.3-8 所示。单击大图，选择用浏览器打开，在图像上右击，在弹出的快捷菜单中选择"保存图片"命令。完成后的效果见图 9.3-3。

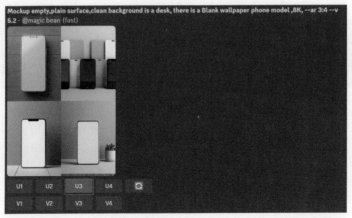

图 9.3-8

步骤⑤ 打开稿定设计，在界面左侧单击"设计工具"按钮，在右侧双击"图片编辑"选项，如图 9.3-9 所示，并上传 Midjourney 生成的样机图，如图 9.3-10 所示。

图 9.3-9   图 9.3-10

步骤⑥ 在界面左侧选择"我的"选项，再选择"上传素材"选项，上传 Midjourney 生成的插画，如图 9.3-11 所示。调整插画大小并移动至空白画框中，如图 9.3-12 所示。完成后的效果见图 9.3-4。

图 9.3-11   图 9.3-12

3. 举一反三

制作思路

（1）用 Midjourney 生成图像，如图 9.3–13 所示。
（2）用 Midjourney 生成空白样机图，如图 9.3–14 所示。
（3）用稿定设计嵌入插画，如图 9.3–15 所示。

图 9.3–13　　　　　　　图 9.3–14　　　　　　　图 9.3–15

作者心得　　　　　　　　　　　　　　　　　●●●

　　插画的比例可以根据具体应用的机型事先进行调整，常见的手机壁纸比例为 3∶2 或 16∶9。也可以运用 Zoom Out 功能先整体缩放图像，再根据手机、平板、计算机的画幅进行裁剪。

9.4　制作户外广告牌

　　若想制作一张宣传海报刊登在室外，如刊登在街边的广告牌上以吸引路人，Midjourney 同样能派上用场。接下来一起看看以下案例吧。

1. 最终效果图和制作思路

　　最终效果图如图 9.4–1 所示，制作思路如图 9.4–2 ~ 图 9.4–4 所示。

图 9.4–1

图 9.4–2 　　　　　　　图 9.4–3 　　　　　　　图 9.4–4

制作思路

（1）用 Midjourney 生成图像。

（2）用 Midjourney 生成空白样机图。

（3）用稿定设计嵌入插画。

2. 步骤详解

步骤① 单击 Midjourney 对话框，输入"/"后选择 /imagine 命令，在 prompt 框中输入插画提示词，如图 9.4–5 所示。

图 9.4–5

提示词：The picture says "welcome"，Shanghai, China, promotional poster, Oriental Pearl, travel poster,8K，––ar 3∶4 ––niji 6

（图像上写着欢迎，上海，中国，宣传海报，东方明珠，旅游海报，8K，出图比例3∶4，版本 niji 6）

步骤② 在生成的图像中选择自己想要的图像（U3），如图 9.4–6 所示。单击大图，选择用浏览器打开，在图像上右击，在弹出的快捷菜单中选择"保存图片"命令。完成后的效果见图 9.4–2。

图 9.4–6

步骤③ 单击 Midjourney 对话框，输入"/"后选择 /imagine 命令，在 prompt 框中输入样机提示词，如图 9.4–7 所示。

图 9.4–7

提示词：Mockup empty, plain surface, a model of a blank billboard on the street, 8K, --ar 3：4 --v 5.2

（空白的样机，干净的表面，街上有一个空白的广告牌模型，8K，出图比例 3：4，版本 v 5.2）

步骤④ 在生成的图像中选择自己想要的图像（U1），如图 9.4–8 所示。单击大图，选择用浏览器打开，在图像上右击，在弹出的快捷菜单中选择"保存图片"命令。完成后的效果见图 9.4–3。

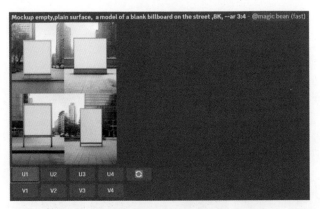

图 9.4–8

步骤⑤ 打开稿定设计，在界面左侧单击"设计工具"按钮，在右侧双击"图片编辑"选项，如图 9.4–9 所示，并上传 Midjourney 生成的样机图，如图 9.4–10 所示。

图 9.4–9

图 9.4–10

步骤⑥ 在界面左侧选择"我的"选项，再选择"上传素材"选项，上传 Midjourney 生成的插画，如图 9.4–11 所示。调整插画大小并移动至空白画框中，如图 9.4–12 所示。完成后的效果见图 9.4–1。

图 9.4-11　　　　　　　　图 9.4-12

3. 举一反三

制作思路

（1）用 Midjourney 生成图像，如图 9.4-13 所示。

（2）用 Midjourney 生成空白样机图，如图 9.4-14 所示。

（3）用稿定设计嵌入插画，如图 9.4-15 所示。

图 9.4-13　　　　　　　图 9.4-14　　　　　　　图 9.4-15

作者心得

　　本案例选择了旅游海报进行演示，但当输入 poster（海报）这样的提示词时，Midjourney 其他版本生成的图像中就很容易带上无意义的字符，这时可以选择 V6 版本出图，以此确保生成的图像中出现正确的字符。

9.5 制作车站广告牌

若想在车站前的广告牌上刊登一张插画，Midjourney 能提供很多帮助。接下来一起看看以下案例吧。

1. 最终效果图和制作思路

最终效果图如图 9.5-1 所示，制作思路如图 9.5-2 ~ 图 9.5-4 所示。

图 9.5-1

图 9.5-2

图 9.5-3

图 9.5-4

制作思路

（1）用 Midjourney 生成图像。

（2）用 Midjourney 生成空白样机图。

（3）用稿定设计嵌入插画。

2. 步骤详解

步骤① 单击 Midjourney 对话框，输入 "/" 后选择 /imagine 命令，在 prompt 框中输入插画提示词，如图 9.5-5 所示。

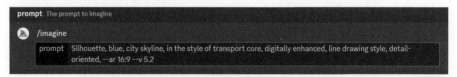

图 9.5-5

提 示 词：Silhouette, blue, city skyline, in the style of transport core, digitally enhanced, line drawing style, detail-oriented, --ar 16：9 --v 5.2

（剪影，蓝色，城市天际线，交通核心风格，数字增强，线条风格，注重细节，出图比例 16∶9，版本 v 5.2）

步骤② 在生成的图像中选择自己想要的图像（U3），如图 9.5-6 所示。单击大图，选择用浏览器打开，在图像上右击，在弹出的快捷菜单中选择"保存图片"命令。完成后的效果见图 9.5-2。

图 9.5-6

步骤③ 单击 Midjourney 对话框，输入"/"后选择 /imagine 命令，在 prompt 框中输入样机提示词，如图 9.5-7 所示。

图 9.5-7

提示词：Blank billboards in front of bus stops at dusk, --ar 4∶3 --v 5.2
（黄昏时公交车站前的空白广告牌，出图比例 4∶3，版本 v 5.2）

步骤④ 在生成的图像中选择自己想要的图像（U2），如图 9.5-8 所示。单击大图，选择用浏览器打开，在图像上右击，在弹出的快捷菜单中选择"保存图片"命令。完成后的效果见图 9.5-3。

图 9.5-8

步骤⑤ 打开稿定设计，在界面左侧单击"设计工具"按钮，在右侧双击"图片编辑"选项，如图 9.5-9 所示，并上传 Midjourney 生成的样机图，如图 9.5-10 所示。

图 9.5-9

图 9.5-10

步骤⑥ 在界面左侧选择"我的"选项，再选择"上传素材"选项，上传 Midjourney 生成的插画，如图 9.5-11 所示。调整插画大小并移动至空白画框中，如图 9.5-12 所示。完成后的效果见图 9.5-4。

图 9.5-11

图 9.5-12

3. 举一反三

制作思路

（1）用 Midjourney 生成图像，如图 9.5-13 所示。

（2）用 Midjourney 生成空白样机图，如图 9.5-14 所示。

（3）用稿定设计嵌入插画，如图 9.5-15 所示。

图 9.5-13

图 9.5-14

图 9.5-15

作者心得 • • •

　　如果不希望生成的图像中色彩太多，可以在提示词中添加相应的形容词，如 minimalist（极简主义）、monochrome（单色）等。如果事先已经设想好了图像的色调，可以直接添加色彩相关的提示词，如本案例中就添加了 blue（蓝色）来控制生成的画面色调。

9.6 制作情侣头像插画

　　若想制作一张属于自己的独一无二的情侣头像，Midjourney 可以节约很大一部分时间成本。接下来一起看看以下案例吧。

1. 最终效果图和制作思路

　　最终效果图如图 9.6-1 和图 9.6-2 所示，制作思路如图 9.6-3 ~ 图 9.6-5 所示。

图 9.6-1　　　　　　　　　图 9.6-2

图 9.6-3　　　　　　　　图 9.6-4　　　　　　　　图 9.6-5

制作思路

（1）用 Midjourney 生成图像。

（2）用稿定设计进行裁剪。

2. 步骤详解

步骤① 单击 Midjourney 对话框，输入"/"后选择 /imagine 命令，在 prompt 框中输入插画提示词，如图 9.6-6 所示。

图 9.6-6

提示词：Boy looking at girl, girl looking at boy, boy and girl smile at each other, 90's anime style, cute little boy and girl, round face, big eyes, black hair, cute expression, girl wearing dress, long hair, bangs, large bows, sweet, Miyazaki style, blue sky in the background, holding a kitten, --ar 3：2 --niji 5

（男孩看着女孩，女孩看着男孩，男孩和女孩相视一笑，20 世纪 90 年代的动漫风格，可爱的小男孩和女孩，圆脸，大眼睛，黑头发，可爱的表情，女孩穿着裙子，长发，刘海，蝴蝶结，甜美，宫崎骏风格，背景是蓝天，抱着小猫，出图比例 3：2，版本 niji 5）

步骤② 在生成的图像中选择自己想要的图像（U3），如图 9.6-7 所示。单击大图，选择用浏览器打开，在图像上右击，在弹出的快捷菜单中选择"保存图片"命令。完成后效果见图 9.6-3。

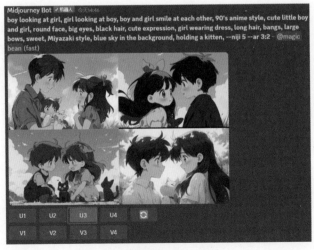

图 9.6-7

步骤③ 打开稿定设计，在界面左侧单击"设计工具"按钮，在右侧双击"图片编辑"选项，如图 9.6-8 所示，并上传 Midjourney 生成的插画。

图 9.6-8

步骤④ 在界面左侧选择"调整"选项，单击"裁剪旋转"按钮，将比例固定为1∶1，如图 9.6-9 所示，截取头像并保存，如图 9.6-10 和图 9.6-11 所示。完成后的效果见图 9.6-4 和图 9.6-5。

图 9.6-9

图 9.6-10

图 9.6-11

3.举一反三

制作思路

（1）用 Midjourney 生成图像，如图 9.6-12 所示。

（2）用稿定设计进行裁剪，如图 9.6-13 和图 9.6-14 所示。

图 9.6-12

▶　　

图 9.6-13

▶　　

图 9.6-14

作者心得

在用 Midjourney 出图时，考虑到这张插图后期要应用为情侣头像，可以事先预想画面的整体构图，并添加相应的提示词，如 Smile at each other（相视一笑）这样的词，来保证生成的图像中人物的朝向。同时，也可以尝试通过垫图的方式来确保生成的人物和自己的特征相似。

✎ 读书笔记

第10章

在设计海报的过程中，可以利用 Midjourney 制作海报背景，但在海报文字和基础版式的设计上，还需要借助其他软件来配合进行后期处理。本章将讲解如何利用 Midjourney 进行海报及招贴的初步设计。

海报及招贴设计

Poster and Flyer Design

10.1 海报基础知识

当走在商场、剧院、街头时，人们常常会被墙上的一些广告吸引目光。这种张贴在公共场所的速看广告，称为海报，又称招贴，是应用最早且使用最广泛的宣传品，可以通过反复的视觉刺激，起到宣传效果。而后随着自媒体时代的到来，这种线下的实体海报逐渐转移到线上，在销售商品、树立品牌形象、宣传活动等方面，都起到了很大的辅助作用。

1. 常见的海报类型

海报的类型有很多，根据内容主要分为以下3种。

（1）产品海报

产品海报通常具有简洁、鲜明的特点，需要用最简单的方式最大限度地体现出产品的特性和卖点，准确地向受众传递产品信息，从而有利于产品的宣传和投放。图10.1-1 ~ 图10.1-4所示为产品海报示例。

图10.1-1   图10.1-2

图 10.1-1   提示词

A brand new limousine, mountains in the background, mirror presentation, light gray, in the style of dynamic symmetry, neo-academism, 16K, --ar 2：3 --v 5.2

图 10.1-2   提示词

Perfume, perfume on the water, with a magical and luxurious quality colorful light, product-view, center the composition, in-studioshooting, magazine photography, advertorial, photorealistic, ultra detailed, ray traing, 8K, --ar 2：3 --v 5.2

图 10.1-3　　　　　　　　　　　　　图 10.1-4

> **图 10.1-3　提示词**
>
> A swimming bottled drink, adorable clay stop-motion animation, tilted transformation, rendered in blender, bright and cheerful, high saturation colors, natural lighting, close-up shots, surrealism, rich details, 8K, --ar 2∶3 --niji 5
>
> **图 10.1-4　提示词**
>
> Chinese lipstick, exquisite gold wire details, the scene with Chinese traditional waves, clouds and coral as the main elements, embellished with pearl material, the background is Chinese landscape, 16K, --ar 2∶3 --v 5.2

（2）节日海报

　　节日海报主要用于各种公共节日的宣传，需要突出节日气氛，并综合节日主题进行设计，应着重考虑构图和色彩表现力。图 10.1-5 ~ 图 10.1-8 所示为节日海报示例。

图 10.1-5　　　　　　　　　　　　　图 10.1-6

图 10.1-5 提示词

A farmer in a straw hat, the farmer is working hard, smiling face, the golden wheat field, autumn, blue sky, Chinese farmland, ultra–wide angle, high details, high quality, Chinese style, Chinese national trend illustration style, 8K, −−ar 9：16 −−niji 5

图 10.1-6 提示词

A cute girl with her mother, young mother looking down at her daughter, smiling face, mom's wearing an apron, in a lovely house, warm and bright, colorful, high quality, high saturation, outline light, Mother's day, cartoon, 8K, −−ar 9：16 −−niji 5

图 10.1-7　　　　　　　　　　　　　　　图 10.1-8

图 10.1-7 提示词

Top view, summer, lots of lotus leaves floating on the lake, a girl in a white dress was lying on the boat, vibrant illustration, wide angle shot, colorful animation stills, summer greens, blank flat illustration, on top of frame, 8K, −−ar 9：16 −−niji 5

图 10.1-8 提示词

Cool tone, white tone, snow, snowy cabins, plum trees, winter, in the style of Chinese cultural themes, simple and elegant style, soft and dreamy atmosphere, gongbi, solarizing master, 16K, −−ar 9：16 −−niji 5

（3）活动海报

活动海报主要用于为某些主题活动做宣传，目的是动员大家都参与其中，所以在传达活动主题的同时，海报设计上的小巧思也不能忽略。图 10.1-9 ～ 图 10.1-12 所示为活动海报示例。

图 10.1-9   图 10.1-10

图 10.1-9   提示词

Autumn, camping scene illustration, people laughing at each other, pets, tent, picnic, joyful atmosphere, sunshine, flowers, flat illustration, best quality, ––ar 3：4 ––niji 5

图 10.1-10   提示词

Sports meeting, animation of runners on a racetrack, in the style of manga art, children's book illustrations, vibrant airy scenes, contest winner, ––ar 2：3 ––niji 5

图 10.1-11   图 10.1-12

图 10.1-11   提示词

The band on the stage, the audience below, music festival, concert advertisement, in the style of soft atmospheric perspective, vibrant manga, light red and sky–blue, 8K, ––ar 2：3 ––v 5.2

图 10.1-12 提示词

Mount Everest, a group of hikers, morning sun, colorful, textured, patterned, fine art print, in the style of silk screening, vintage style, bold posters, delicate paper cut, art print , HD, --ar 2 : 3 --v 5.2

2. 常见的海报尺寸

因为用途和社交媒体平台的差异, 海报的尺寸非常多, 而常见的主要有以下几种（图 10.1-13）。

（1）实体海报

◉ **宣传海报尺寸**：42cm×57cm/50cm×70cm/57cm×84cm。

◉ **三折页尺寸**：285mm×210mm。

◉ **易拉宝尺寸**：80cm×200cm。

（2）线上海报

◉ **竖版海报尺寸**：640px×1008px。

◉ **横版海报尺寸**：900px×500px。

◉ **长图海报尺寸**：800px×2000px。

◉ **电商 banner 尺寸**：750px×390px。

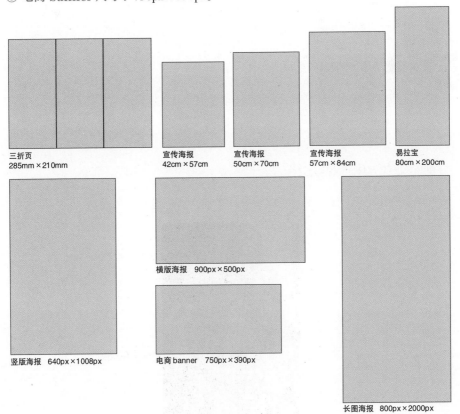

三折页
285mm×210mm

宣传海报
42cm×57cm

宣传海报
50cm×70cm

宣传海报
57cm×84cm

易拉宝
80cm×200cm

横版海报 900px×500px

竖版海报 640px×1008px

电商 banner 750px×390px

长图海报 800px×2000px

图 10.1-13

10

085

3. 常用的海报提示词

节日海报

Snow, plum trees, winter, autumn, Father's Day, Mother's Day, Dragon Boat Festival, Christmas, Mid-Autumn Festival, Teachers' Day, Chinese style, in the style of Chinese cultural themes, simple and elegant style

雪花，梅树，冬天，秋天，父亲节，母亲节，端午节，圣诞节，中秋节，教师节，中国风，以中国文化为主题的风格，素雅的风格

活动海报

Music festival, sports meet, mountain climbing, camping scene, tent, picnic, vibrant airy scenes, cheerful atmosphere, cartoon, illustration poster, flat illustration

音乐节，运动会，登山，露营场景，帐篷，野餐，充满活力的通风场景，欢快的氛围，卡通，插画海报，扁平插画

产品海报

Perfume, lipstick, camera, handbag, aromatherapy, scented candle, clean background, central composition, product-view, colorful light, ultra detailed, flat style, illustration poster design, photo realistic, luxurious style, products photo shoot, realistic, magazine photography

香水，口红，相机，手袋，香薰，香氛蜡烛，干净的背景，中心构图，产品视图，彩光，超细节，扁平风格，插画海报设计，照片写实，奢华风格，产品照片拍摄，写实，杂志摄影

10.2 制作人像海报

若想制作一张充满时尚感的人像海报，如何用Midjourney写提示词，又如何用其他软件对生成的图像进行加工呢？接下来一起看看以下案例吧。

1. 最终效果图和制作思路

最终效果图如图 10.2-1 所示，制作思路如图 10.2-2 ～图 10.2-4 所示。

图 10.2-1

图 10.2-2　　　　　　　　　图 10.2-3　　　　　　　　　图 10.2-4

制作思路

（1）用 Midjourney 生成图像。
（2）用 Photoshop 的文字工具为海报加上文字。
（3）用 Photoshop 的画笔工具涂抹需要遮盖的地方。

2. 步骤详解

步骤①　单击 Midjourney 对话框，输入 "/" 后选择 /imagine 命令，在 prompt 框中输入提示词，如图 10.2-5 所示。

图 10.2-5

提示词：A stylish woman in a brown trench coat, hat, walking down the street, sophisticated makeup, --ar 2∶3 --v 5.2

（一个穿着棕色风衣的时尚女人，戴着帽子，走在街上，化着精致的妆，出图比例 2∶3，版本 v 5.2）

步骤②　在生成的图像中选择自己想要的图像（U3），如图 10.2-6 所示。单击大图，选择用浏览器打开，在图像上右击，在弹出的快捷菜单中选择 "保存图片" 命令。完成后的效果见图 10.2-2。

步骤③　打开 Photoshop，选择工具栏中的文字工具，按住鼠标左键拉出文字框，如图 10.2-7 所示，输入需要的文字，并根据文字层级信息进行文字排版。完成后的效果如图 10.2-8 所示。

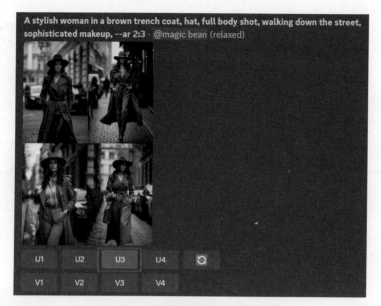

图 10.2-6

图 10.2-7

图 10.2-8

> **TIPS**
>
> Photoshop 是一款专业的图像处理软件，可以对图像进行编辑、合成、调色等操作。读者也可以根据自身需求用其他方式来实现图像的后续处理。

步骤④ 在"图层"面板中单击"创建蒙版"按钮，在需要制作叠字效果的图层上添加矢量蒙版，如图 10.2-9 和图 10.2-10 所示。

图 10.2-9

图 10.2-10

步骤⑤ 单击工具栏中的画笔工具，将"前景色"更改为黑色。用黑色画笔涂抹需要遮盖的地方，如图 10.2-11 所示。若涂错可用白色画笔进行修改。完成后的效果见图 10.2-1。

图 10.2-11

3. 举一反三

制作思路

（1）用 Midjourney 生成图像，如图 10.2-12 所示。

（2）用 Photoshop 制作出渐变效果，如图 10.2-13 所示。

（3）用 Photoshop 的文字工具为海报加上文字，如图 10.2-14 所示。

图 10.2-12

图 10.2-13

图 10.2-14

作者心得

　　在用 Midjourney 出图前，需要事先大致规划出海报的整体构图和色彩基调，这样才能更好地调整提示词，让平面图更贴近设想的效果，并更好地配合后期的加工。

10.3 制作产品海报

若想为自己的产品制作一张海报吸引客户，如何用 Midjourney 写提示词，又如何用其他软件对生成的图像进行加工呢？接下来一起看看以下案例吧。

1. 最终效果图和制作思路

最终效果图如图 10.3-1 所示，制作思路如图 10.3-2 ~ 图 10.3-4 所示。

图 10.3-1

图 10.3-2

图 10.3-3

图 10.3-4

制作思路

（1）用 Midjourney 生成图像。

（2）用 Photoshop 制作出磨砂玻璃效果。

（3）用 Photoshop 的文字工具为海报加上文字。

2. 步骤详解

步骤① 单击 Midjourney 对话框，输入"/"后选择 /imagine 命令，在 prompt 框中输入提示词，如图 10.3-5 所示。

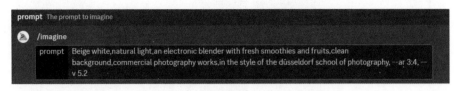

图 10.3-5

> 提示词：Beige white, natural light, an electronic blender with fresh smoothies and fruits, clean background, commercial photography works, in the style of the düsseldorf school of photography, --ar 3：4 --v 5.2
>
> （米白色，自然光，破壁机中有新鲜的冰沙和水果，干净的背景，商业摄影作品，杜塞尔多夫学派的摄影风格，出图比例 3：4，版本 v 5.2）

步骤② 在生成的图像中选择自己想要的图像（U4），如图 10.3-6 所示，效果图如图 10.3-7 所示，此时图中破壁机中的食物并不是提示词中提到的冰沙和水果，因此可以考虑使用 Vary(Region) 局部修复功能。

图 10.3-6　　　　　　　　　　图 10.3-7

步骤③ 单击下方的 Vary(Region) 按钮，如图 10.3-8 所示，圈出需要修改的地方，如图 10.3-9 所示，完成后单击右下方的箭头。

步骤④ 在生成的图像中选择自己想要的图像（U4），如图 10.3-10 所示。单击大图，选择用浏览器打开，在图像上右击，在弹出的快捷菜单中选择"保存图片"命令。完成后的效果见图 10.3-2。

图 10.3-8

图 10.3-9

图 10.3-10

步骤⑤ 打开 Photoshop，将自己的产品图调整至相同的比例，拖入并覆盖住 Midjourney 生成的破壁机。在工具栏中选择矩形工具，在画板上建立一个矩形，并将矩形颜色更改为白色，设置"描边"为无，如图 10.3-11 所示。

图 10.3-11

步骤⑥ 按快捷键 Ctrl+J 复制一层背景图，如图 10.3-12 所示，并移动到矩形图层上方，按住 Alt 键，建立剪贴蒙版。双击矩形图层，添加"内阴影""内发光""颜色叠加"（可选择自己喜欢的颜色）图层样式，如图 10.3-13 所示。

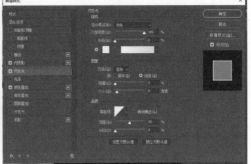

图 10.3-12 图 10.3-13

步骤⑦ 添加"高斯模糊"滤镜,以及"纹理"滤镜中的"颗粒"效果,如图 10.3-14 所示。完成后的效果见图 10.3-3。

图 10.3-14

步骤⑧ 选择工具栏中的文字工具,按住鼠标左键拉出文字框,输入需要的文字。完成后的效果见图 10.3-4。

3. 举一反三

制作思路

(1)用 Midjourney 生成图像,如图 10.3-15 所示。
(2)用 Photoshop 制作出渐变效果,如图 10.3-16 所示。
(3)用 Photoshop 的文字工具为海报加上文字,如图 10.3-17 所示。

图 10.3–15

图 10.3–16

图 10.3–17

作者心得 ● ● ●

　　在用 Midjourney 出图时，面对图像局部的问题，可以根据要求灵活使用 Vary (Region) 功能进行调整。

10.4 制作节气海报

　　节气海报可以用于商业宣传，也可以在朋友圈分享。而 Midjourney 可以直接生成海报的底图，为后期的制作节约时间。接下来一起看看以下案例吧。

1. 最终效果图和制作思路

　　最终效果图如图 10.4–1 所示，制作思路如图 10.4–2 ~ 图 10.4–4 所示。

图 10.4–1

图 10.4–2

图 10.4–3

图 10.4–4

制作思路

（1）用 Midjourney 生成图像。

（2）用稿定设计套入小暑模板。

（3）调整文字样式、颜色和位置。

2. 步骤详解

步骤① 单击 Midjourney 对话框，输入 "/" 后选择 /imagine 命令，在 prompt 框中输入提示词，如图 10.4–5 所示。

图 10.4–5

提示词：An anime girl in a hat, looking out over grass, a view of the back, dark green and light azure, --ar 9：16 --niji 5

（一个戴着帽子的动漫风女孩，望着草地，背影，深绿色和浅蓝色，出图比例 9：16，版本 niji 5）

步骤② 在生成的图像中选择自己想要的图像（U2），如图 10.4–6 所示，效果图如图 10.4–7 所示，此时图中带着明显的黑色边框，并且空白地方较少，没有为后期的文字留出足够的空隙，这时就可以考虑使用 Zoom Out 功能改变焦距、拉远景物、缩小图像主体。

图 10.4–6

图 10.4–7

步骤③ 单击下方的 Zoom Out 按钮（根据自身需求选择 1.5x 或 2x），如图 10.4–8 所示。

图10.4-8

步骤④ 在生成的图像中选择自己想要的图像（U1），如图10.4-9所示。单击大图，选择用浏览器打开，在图像上右击，在弹出的快捷菜单中选择"保存图片"命令。完成后的效果见图10.4-2。

图10.4-9

步骤⑤ 打开稿定设计，在搜索栏中输入自己要制作的节气海报的关键词，根据需求选择"海报"或"手机海报"，如图10.4-10所示。

图10.4-10

步骤⑥ 在提供的模板中选择自己喜欢的样式，进入编辑界面后，在界面左侧选择"添加"选项，单击"本地上传"按钮，如图10.4-11所示，上传 Midjourney 生成的背景图。将背景图导入编辑框，在弹出的快捷菜单中选择"删除背景图片"命令，如图10.4-12所示。

图10.4-11

图10.4-12

步骤⑦ 将 Midjourney 生成的背景图放大，使其填满编辑框，右击背景图，在弹出的快捷菜单中选择"图层顺序"→"移到底层"命令，如图 10.4-13 所示，将背景图移到底层。完成后的效果如图 10.4-14 所示，此时可以发现模板中自带的文字样式不适合 Midjourney 生成的背景图。

图10.4-13

图10.4-14

步骤⑧ 选中图像中的文字框，根据需求在界面右侧自行调整文字的颜色或增减文字，如图 10.4-15 所示。完成后的效果见图 10.4-4。

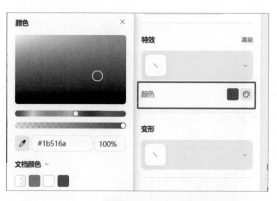

图10.4-15

3. 举一反三

制作思路

（1）用 Midjourney 生成图像，如图 10.4-16 所示。

（2）用稿定设计套入小暑模板，如图 10.4-17 所示。

（3）调整文字样式、颜色和位置，如图 10.4-18 所示。

图10.4-16　　　　　　　　图10.4-17　　　　　　　　图10.4-18

作者心得

　　在用 Midjourney 出图时，可以根据预设的文字占比，运用 Zoom Out 灵活缩放调整图像，为后期的文字空出位置。

10.5 制作活动海报

若想为即将开展的活动制作一张海报吸引人们积极参与,同样可以使用Midjourney帮助制作海报。接下来一起看看以下案例吧。

1.最终效果图和制作思路

最终效果图如图 10.5-1 所示，制作思路如图 10.5-2 ~ 图 10.5-4 所示。

图 10.5-2

图 10.5-3

图 10.5-1

图 10.5-4

10

制作思路

（1）用 Midjourney 生成图像。

（2）用稿定设计套入比赛模板。

（3）调整文字样式、颜色和位置。

2. 步骤详解

步骤① 单击 Midjourney 对话框，输入"/"后选择 /imagine 命令，在 prompt 框中输入提示词，如图 10.5–5 所示。

图 10.5–5

提示词：Basketball game, playground, two boys playing ball, flat style, white background, ––ar 9：6 ––niji 5

（篮球比赛，操场，两个男孩在打球，扁平风格，白色背景，出图比例 9：16，版本 niji 5）

步骤② 在生成的图像中选择自己想要的图像（U1），如图 10.5–6 所示。单击大图，选择用浏览器打开，在图像上右击，在弹出的快捷菜单中选择"保存图片"命令。完成后的效果见图 10.5–2。

图 10.5–6

步骤③ 打开稿定设计，在搜索栏中输入自己要制作的活动海报的关键词，如图 10.5–7 所示。

图 10.5–7

步骤④ 在提供的模板中选择自己喜欢的样式，进入编辑界面后，在界面左侧选择"添加"选项，单击"本地上传"按钮，如图 10.5-8 所示，上传 Midjourney 生成的背景图。将背景图导入编辑框，在弹出的快捷菜单中选择"删除背景图片"命令，如图 10.5-9 所示。

图 10.5-8   图 10.5-9

步骤⑤ 将 Midjourney 生成的背景图缩放至合适的大小，右击背景图，在弹出的快捷菜单中选择"图层顺序"→"移到底层"命令，如图 10.5-10 所示，将背景图移到底层。完成后的效果如图 10.5-11 所示，此时可以发现模板中自带的文字样式不适合 Midjourney 生成的背景图。

图 10.5-10   图 10.5-11

步骤⑥ 选中图像中的文字框，根据需求在界面右侧自行调整文字的颜色、字体、特效或增减文字，如图 10.5-12 所示。同时可设置与字体颜色搭配的背景色，如图 10.5-13 所示，完成后的效果见图 10.5-4。

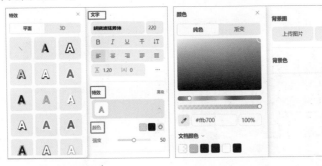

图 10.5-12   图 10.5-13

3. 举一反三

制作思路

（1）用 Midjourney 生成图像，如图 10.5-14 所示。

（2）用稿定设计套入比赛模板，如图 10.5-15 所示。

（3）调整文字样式、颜色和位置，如图 10.5-16 所示。

图 10.5-14　　　　　图 10.5-15　　　　　图 10.5-16

作者心得

　　制作活动海报时，相比节气海报其内容和细节更多，文字更长，包括活动时间、地点和联系方式，所以在用 Midjourney 出图时，背景可以调整为干净的纯色。

10.6　制作宣传海报

　　若想为活动制作一张宣传海报，如何用 Midjourney 写提示词，又如何用其他软件对生成的图像进行加工呢？接下来一起看看以下案例吧。

1. 最终效果图和制作思路

最终效果图如图 10.6-1 所示，制作思路如图 10.6-2 ~ 图 10.6-4 所示。

图 10.6-1

图 10.6-2

图 10.6-3

图 10.6-4

制作思路

（1）用 Midjourney 生成图像。

（2）用 Photoshop 制作出撕纸效果。

（3）用 Photoshop 的文字工具为海报加上文字。

2. 步骤详解

步骤① 单击 Midjourney 对话框，输入"/"后选择 /imagine 命令，在 prompt 框中输入提示词，如图 10.6-5 所示。

图 10.6-5

提示词：Porcelain, HD, blue and white porcelain,--v 5.2

（瓷器，高清，青花瓷，版本 v 5.2）

步骤② 在生成的图像中选择自己想要的图像（U1），如图 10.6-6 所示。单击大图，选择用浏览器打开，在图像上右击，在弹出的快捷菜单中选择"保存图片"命令。完成后的效果见图 10.6-2。

图 10.6-6

步骤③ 打开 Photoshop，创建一个 640px × 1008px 大小的画布，如图 10.6-7 所示。

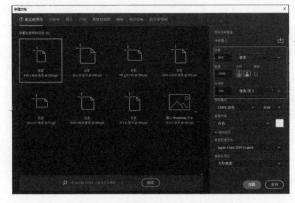

图 10.6-7

步骤④ 将 Midjourney 生成的图像置入画板，找到"图层"面板，右击该图层，在弹出的快捷菜单中选择"栅格化图层"命令，如图 10.6-8 所示，将图像进行栅格化处理。

图 10.6-8

步骤⑤ 新建一个图层，填充颜色后选择套索工具，大致绘制出一个不规则的撕纸轮廓。然后按住 Alt 键，单击新建的图层，制作图层蒙版，如图 10.6-9 所示。接着在菜单栏中选择"滤镜"→"画笔描边"→"喷色描边"滤镜，适当调整数值后使边缘粗糙化，如图 10.6-10 所示，直到达到满意的效果。

图 10.6-9

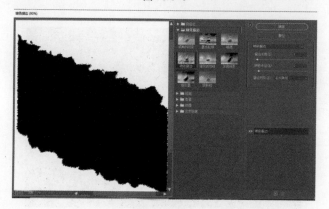

图 10.6-10

步骤⑥ 置入 Midjourney 生成的图像，将图像镜像翻转后，将其调整至合适的大小及位置，如图 10.6–11 所示。

图 10.6–11

步骤⑦ 双击图层，给刚制作的撕纸效果添加"投影"图层样式，为其添加阴影效果，如图 10.6–12 所示。

图 10.6–12

步骤⑧ 输入文字并对文字进行排版，完成后按快捷键 Ctrl+U，进行色相/饱和度的调整，如图 10.6–13 所示。

图 10.6–13

步骤⑨ 置入纸张纹理，如图 10.6–14 所示。完成后的效果见图 10.6–4。

图 10.6–14

3. 举一反三

制作思路

（1）用 Midjourney 生成图像，如图 10.6–15 和图 10.6–16 所示。

（2）用 Photoshop 制作出撕纸效果，如图 10.6–17 所示。

（3）用 Photoshop 的文字工具为海报加上文字，并调整文字颜色，如图 10.6–18 所示。

图 10.6–15

图 10.6–16   图 10.6–17   图 10.6–18

作者心得

    除了本案例中展示的撕纸效果，在制作宣传海报时，还有一些其他常见的风格效果可以借鉴，如波普艺术（Pop Art）、孟菲斯风格（Memphis style）、三维效果（three-dimensional effect）、镂空效果（hollow effect）等。

实践篇

第 11 章

PPT 如今是演讲人和听众进行沟通的一种主要方式，能够更有效、更直观地展示内容。不同背景的 PPT，会呈现出不同的风格。而 Midjourney 的出现，让背景图的绘制变得更加多样，从而丰富了 PPT 的风格。本章将讲解如何用 Midjourney 绘制 PPT 背景图。

PPT 背景图绘制

PPT Background Image Drawing

11.1 PPT 基础知识

制作 PPT 应该做到：图优于表，表优于字，字尽量少；要有视觉中心，并将核心的图、数据、字突出表现；字体设置尽量做到适合所有人。好的 PPT 更应该具备：故事化思维（前 3 分钟就能吸引观众）、结构化思维（准确、生动）和视觉思维（给人以舒适的观感）。

1. 常见的 PPT 风格

PPT 的风格有很多，接下来介绍几种常见的风格。

（1）商务风格

商务风格的 PPT 需要用最简单的方式迅速展现出公司或产品的特性和卖点，把握观众的视觉层次，准确传递信息，这样才有利于商业的宣传和品牌广告的投放，如图 11.1-1 ～图 11.1-4 所示。

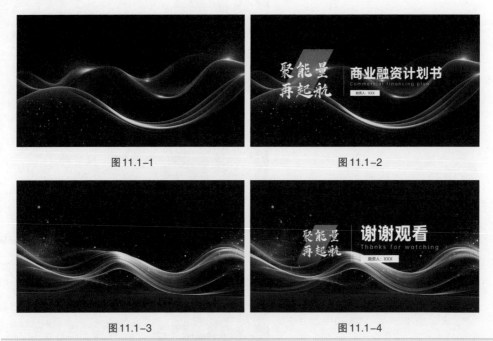

图 11.1-1　　　　　　　　　　　　　　图 11.1-2

图 11.1-3　　　　　　　　　　　　　　图 11.1-4

图 11.1-1/ 图 11.1-3　**提示词**

Golden waves on black background with a silver wave, in the style of alien worlds, minimalist illustrator, haven core, contemporary siren, made of crystals, roller wave, ––ar 16：9 ––v 5.2

（2）水墨喷溅艺术风格

水墨喷溅效果可以让 PPT 更有艺术感，在一些与绘画相关的培训宣传、艺术类主题 PPT 中比较常见，如图 11.1-5 ～图 11.1-8 所示。这种风格除了可以用作 PPT 背景，还可以用来填充文字与形状。

图 11.1-5 图 11.1-6

图 11.1-7 图 11.1-8

图 11.1-5/ 图 11.1-7　提示词

White background, the way the paint splattered, the watercolor paint, in the style of colorful graffiti-style, light sky-blue and light magenta, bold and vibrant watercolors, --ar 16 : 9 --v 5.2

（3）城市与建筑剪影风格

在 PPT 中，用城市与建筑等视野开阔角度的摄影图像当背景，会给人比较舒服、磅礴的感觉。在使用时，还可以进行裁剪或添加蒙版的操作，让图像的色调风格与作品更加统一，如图 11.1-9 ~ 图 11.1-12 所示。

图 11.1-9 图 11.1-10

图 11.1-11 图 11.1-12

图 11.1-9/ 图 11.1-11　**提示词**

Silhouette, city skyline, in the style of transport core, digitally enhanced, line drawing style, detail-oriented, --ar 16:9 --v 5.2

2. 常见的应用领域

目前 PPT 主要应用于商务职场，各种企业或公司的计划书、工作总结、产品推广、项目竞标等都会用到 PPT。除此之外，教师也会使用 PPT 来制作课件，而课件的好坏也会直接影响上课的效果。学校中另外一个常见的使用 PPT 的场合就是学生的答辩，并且论文、个别课程结业也会用到 PPT，展示的效果可以凸显个人的观点与所见所学。

3. 常用的 PPT 背景图制作提示词

常见色彩

Light gray and white, light sky-blue, brown, light amber, pure color, bold chromaticity, blurred blue, dark navy, dark black, orange, bright lights, golden, silver, translucent color, vibrant colors, deep blue, purple, yellow and white, light crimson, light beige, light violet, bright colors

浅灰色和白色，浅天蓝色，棕色，浅琥珀色，纯色，鲜艳大胆的颜色饱和度，迷离蓝，深海军蓝，深黑色，橙色，亮光色，金色，银色，半透明色，鲜艳色彩，深蓝色，紫色，黄白色，浅深红色，浅米色，浅紫色，鲜艳色

常见底纹

Modern lines, flat shapes, luminous shadows, diagonal line, horizontal thin lines, soft tonal transitions, silk fabric, rectilinear forms,overlapping shapes, intersecting lines, gold geometric lines, multilayered dimensions, triangles, hard-edged lines, a pattern of connected dots, water ripples, wave edges, city skyline

现代线条，扁平形状，发光阴影，对角线，水平细线，柔和色调过渡，丝绸织物，直线形式，重叠形状，相交线条，金色几何线条，多层维度，三角形，硬边线条，连点图案，水波纹，波浪边缘，城市天际线

常见风格

Matte drawing, in the style of multilayered, in the style of smooth and polished, in the style of organic fluid shapes, in the style of futuristic cyberpunk, pixel art, soft and dreamy depictions, baroque brushwork, in the style of subtle gradients, minimalist

哑光绘画，多层次风格，光滑和抛光的风格，有机流体形风格，未来主义赛博朋克风格，像素艺术，柔和梦幻的描绘，巴洛克式的笔触，微妙的渐变风格，极简主义

11.2　制作简约风 PPT

简约风格的 PPT 可以应用于学术型或工作内容的汇报。因为学术和工作内容本身比较复杂，而单色系的配色可以在视觉上降低杂乱感，方便人们理解。那么，如何用 Midjourney 生成简约风格的 PPT 背景图呢？接下来一起看看以下案例吧。

1. 最终效果图和制作思路

最终效果图如图 11.2-1~ 图 11.2-4 所示，制作思路如图 11.2-5 ~ 图 11.2-12 所示。

图 11.2-1

图 11.2-2

图 11.2-3

图 11.2-4

图 11.2-5

图 11.2-6

图 11.2-7

图 11.2-8

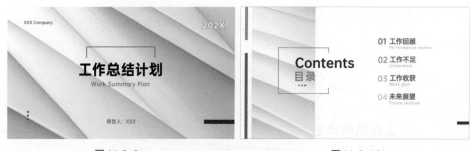

图 11.2-9　　　　　　　　　　　　　　　　　图 11.2-10

图 11.2-11　　　　　　　　　　　　　　　　　图 11.2-12

制作思路

（1）用 Midjourney 生成背景图。

（2）用稿定设计套入心仪的 PPT 模板。

2. 步骤详解

步骤①　单击 Midjourney 对话框，输入"/"后选择 /imagine 命令，在 prompt 框中输入背景图提示词，如图 11.2-13 所示。

图 11.2-13

提示词：White abstract diagonal line vector background, matte drawing, uhd image, minimalist sets, luminous shadows, --ar 16：9 --v 5.2

（白色抽象对角线矢量背景图，哑光绘画，超高清图像，极简主义设置，发光阴影，出图比例 16：9，版本 v 5.2）

步骤②　在生成的图像中选择自己想要的图像（U2），如图 11.2-14 所示。单击大图，选择用浏览器打开，在图像上右击，在弹出的快捷菜单中选择"保存图片"命令。通过调整细节可以多生成几组相似的背景图。完成后的效果见图 11.2-5 ~ 图 11.2-8。

步骤③　打开稿定设计，在搜索栏中输入"简约风 PPT"等关键词，并根据自身需求选择物料、设计类型和用途，如图 11.2-15 所示。

图 11.2-14

图 11.2-15

步骤④ 在提供的模板中选择自己喜欢的样式，进入编辑界面后，在左侧单击"我的"按钮，在右侧单击"添加"按钮，选择"本地上传"选项，如图 11.2-16 所示，上传 Midjourney 生成的背景图，右击背景图，在弹出的快捷菜单中选择"设为背景"命令，如图 11.2-17 所示。

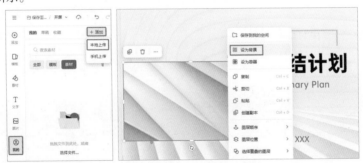

图 11.2-16   图 11.2-17

步骤⑤ 根据自身需求，删除模板中不需要的装饰并编辑文案等，如图 11.2-18 所示。完成后的效果见图 11.2-1。其他的背景图可以用同样的方式进行加工。

图 11.2-18

3. 举一反三

制作思路

（1）用 Midjourney 生成背景图，如图 11.2-19 ～图 11.2-22 所示。

（2）用稿定设计套入心仪的 PPT 模板，如图 11.2-23 ～图 11.2-26 所示。

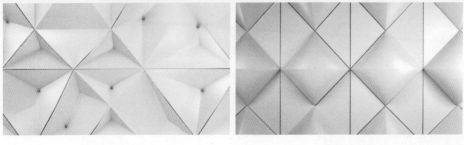

图 11.2-19　　　　　　　　　　　　　　　　图 11.2-20

图 11.2-21　　　　　　　　　　　　　　　　图 11.2-22

图 11.2-23　　　　　　　　　　　　　　　　图 11.2-24

图 11.2-25　　　　　　　　　　　　　　　　图 11.2-26

简约风格背景图的图案种类有很多，除了案例中的背景，还包括 horizontal thin lines of white background（白色背景的水平细线）、white silk fabric（白色丝织品）、a white abstract background with lots of triangles（有很多三角形的白色抽象背景）、thin stripes or waves（细条纹或波浪）等。

11.3　制作糖果色 PPT

当制作的 PPT 主题比较轻松，或者里面的图像色调偏明亮鲜活时，可以选择使用小清新的糖果色背景，以呼应主题。那么，如何用 Midjourney 生成糖果色系的背景图呢？接下来一起看看以下案例吧。

1. 最终效果图和制作思路

最终效果图如图 11.3-1 ~ 图 11.3-4 所示，制作思路如图 11.3-5 ~ 图 11.3-12 所示。

图 11.3-1

图 11.3-2

图 11.3-3

图 11.3-4

图 11.3-5

图 11.3-6

图 11.3-7

图 11.3-8

图 11.3-9

图 11.3-10

图 11.3-11

图 11.3-12

制作思路

（1）用 Midjourney 生成背景图。

（2）用稿定设计套入心仪的 PPT 模板。

2. 步骤详解

步骤① 单击 Midjourney 对话框，输入"/"后选择 /imagine 命令，在 prompt 框中输入背景图提示词，如图 11.3-13 所示。

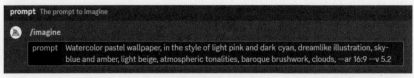

图 11.3-13

提示词：Watercolor pastel wallpaper, in the style of light pink and dark cyan, dreamlike illustration, sky–blue and amber, light beige, atmospheric tonalities, baroque brushwork, clouds, ––ar 16：9 ––v 5.2

（水彩粉彩壁纸，浅粉色和深青色的风格，梦幻般的插图，天蓝色和琥珀色，浅米色，大气色调，巴洛克风格的笔触，云，出图比例 16：9，版本 v 5.2）

步骤② 在生成的图像中选择自己想要的图像（U2），如图 11.3–14 所示。单击大图，选择用浏览器打开，在图像上右击，在弹出的快捷菜单中选择"保存图片"命令。通过调整细节可以多生成几组相似的背景图。完成后的效果见图 11.3–5 ~ 图 11.3–8。

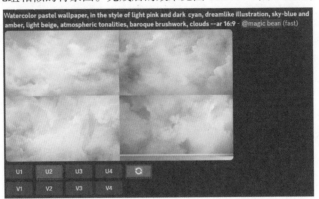

图 11.3–14

步骤③ 打开稿定设计，在搜索栏中输入"糖果色 PPT"等关键词，并根据自身需求选择类型、分类和行业，如图 11.3–15 所示。

图 11.3–15

步骤④ 在提供的模板中选择自己喜欢的样式，进入编辑界面后，在左侧单击"我的"按钮，在右侧单击"添加"按钮，选择"本地上传"选项，如图 11.3–16 所示，上传 Midjourney 生成的背景图，右击背景图，在弹出的快捷菜单中选择"设为背景"命令，如图 11.3–17 所示。

图 11.3–16　　　　　　　　　　图 11.3–17

步骤⑤ 根据自身需求，删除模板中不需要的装饰并编辑文案等，如图 11.3–18 所示。完成后的效果见图 11.3–9。其他的背景图可以用同样的方式进行加工。

图 11.3–18

3. 举一反三

制作思路

（1）用 Midjourney 生成背景图，如图 11.3–19 ~ 图 11.3–22 所示。

（2）用稿定设计套入心仪的 PPT 模板，如图 11.3–23 ~ 图 11.3–26 所示。

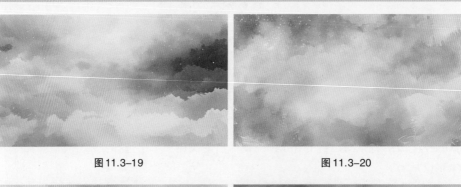

图 11.3–19   图 11.3–20

图 11.3–21   图 11.3–22

图 11.3-23

图 11.3-24

图 11.3-25

图 11.3-26

作者心得

　　糖果色的配色主要以蓝色、红色、橙色等颜色为主,构成画面的颜色非常饱满。所以若制作的 PPT 背景色的明亮度很高,就可以选择相对干净的黑、白、灰等中性色作为字体颜色,否则整个画面会显得很杂乱。

11.4　制作科技感 PPT

　　在如今高速发展的信息时代,具有科技感的 PPT 在各个行业都有应用。配色、形状和光效的搭配,可以让 PPT 的整体质量更上一层楼。那么,如何用 Midjourney 生成科技感十足的背景图呢?接下来一起看看以下案例吧。

1. 最终效果图和制作思路

　　最终效果图如图 11.4-1 ~ 图 11.4-4 所示,制作思路如图 11.4-5 ~ 图 11.4-12 所示。

图 11.4-1

图 11.4-2

图 11.4-3

图 11.4-4

图 11.4-5

图 11.4-6

图 11.4-7

图 11.4-8

图 11.4-9

图 11.4-10

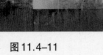

图 11.4-11

图 11.4-12

2. 步骤详解

步骤① 单击 Midjourney 对话框，输入"/"后选择 /imagine 命令，在 prompt 框中输入背景图提示词，如图 11.4-13 所示。

图 11.4-13

提示词：Blue background, a blue world map and city skyline, in the style of transport core, digitally enhanced, linedrawing style, detail-oriented, --ar 16：9 --v 5.2

（蓝色背景，蓝色的世界地图和城市天际线，交通核心风格，数字增强，线条风格，注重细节，出图比例 16：9，版本 v 5.2）

步骤② 在生成的图像中选择自己想要的图像（U3），如图 11.4-14 所示。单击大图，选择用浏览器打开，在图像上右击，在弹出的快捷菜单中选择"保存图片"命令。通过调整细节可以多生成几组相似的背景图。完成后的效果见图 11.4-5 ~ 图 11.4-8。

图 11.4-14

步骤③ 打开稿定设计，在搜索栏中输入"科技感 PPT"等关键词，并根据自身需求选择设计类型、物料和行业等，如图 11.4-15 所示。

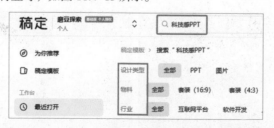

图 11.4-15

步骤④ 在提供的模板中选择自己喜欢的样式，进入编辑界面后，在左侧单击"我的"按钮，在右侧单击"添加"按钮，选择"本地上传"选项，如图 11.4-16 所示，上传

Midjourney 生成的背景图，右击背景图，在弹出的快捷菜单中选择"设为背景"命令，如图 11.4-17 所示。

图 11.4-16　　　　　　　　图 11.4-17

步骤⑤ 根据自身需求，删除模板中不需要的装饰并进行编辑文案、给字体调色等操作，如图 11.4-18 和图 11.4-19 所示。完成后的效果见图 11.4-9。其他的背景图可以用同样的方式进行加工。

图 11.4-18　　　　　　　　图 11.4-19

3. 举一反三

制作思路

（1）用 Midjourney 生成背景图，如图 11.4-20 ~ 图 11.4-23 所示。

（2）用稿定设计套入心仪的 PPT 模板，如图 11.4-24 ~ 图 11.4-27 所示。

图 11.4-20　　　　　　　　　　　图 11.4-21

图 11.4-22   图 11.4-23

图 11.4-24

图 11.4-25

图 11.4-26

图 11.4-27

作者心得

　　除了案例中表现的科技元素，能体现科技感的元素还有很多。平时可以多浏览一些与科技相关的影片或海报，从中拆解出相关的元素，然后在 Midjourney 中加入提示词，如 gradient lines（渐变的线条）、starry backgrounds（星空背景）、light effect elements（光效元素）、creative graphics（创意图形）等。

11.5 制作中国风 PPT

　　中国风是一种建立在东方文化的基础上，以传统元素为表现形式，发扬自身独特魅力的艺术形式。在制作 PPT 时也可以尝试中国风，那么如何用 Midjourney 生成中国风满满的背景图呢？接下来一起看看以下案例吧。

1. 最终效果图和制作思路

最终效果图如图 11.5-1 ～图 11.5-4 所示，制作思路如图 11.5-5 ～图 11.5-12 所示。

图 11.5-1

图 11.5-2

图 11.5-3

图 11.5-4

图 11.5-5

图 11.5-6

图 11.5-7

图 11.5-8

图 11.5-9

图 11.5-10

图 11.5-11　　　　　　　　　　　　　　图 11.5-12

制作思路

（1）用 Midjourney 生成背景图。

（2）用稿定设计套入心仪的 PPT 模板。

2. 步骤详解

步骤① 单击 Midjourney 对话框，输入"/"后选择 /imagine 命令，在 prompt 框中输入背景图提示词，如图 11.5-13 所示。

图 11.5-13

提示词：Chinese style, a stunning red background, with a subtle gradient from dark to light, creating a sense of depth, the texture of the sand is visible, with tiny grains sparkling under the light, the background is adorned with delicately etched floral patterns, adding an elegant touch to the image, --ar 16 : 9 --v 5.2

（中式风格，惊艳的红色背景，由暗到亮的微妙渐变，营造出景深感，沙子的纹理清晰可见，细小的颗粒在光线下闪闪发光，背景装饰着精致的蚀刻花卉图案，为图像增添了优雅的触感，出图比例 16 : 9，版本 v 5.2）

步骤② 在生成的图像中选择自己想要的图像（U1），如图 11.5-14 所示。单击大图，选择用浏览器打开，在图像上右击，在弹出的快捷菜单中选择"保存图片"命令。通过调整细节可以多生成几组相似的背景图。完成后的效果见图 11.5-5 ~ 图 11.5-8。

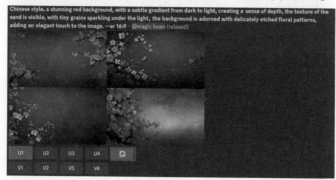

图 11.5-14

125

步骤③ 打开稿定设计，在搜索栏中输入"中国风PPT"等关键词，并根据自身需求选择物料、设计类型和行业等，如图11.5-15所示。

图11.5-15

步骤④ 在提供的模板中选择自己喜欢的样式，进入编辑界面后，在左侧单击"我的"按钮，在右侧单击"添加"按钮，选择"本地上传"选项，如图11.5-16所示，上传Midjourney生成的背景图，并调整图层顺序，将背景图所在图层调整到倒数第2层，如图11.5-17所示。

图11.5-16　　　　　　　　　　图11.5-17

步骤⑤ 根据自身需求，删除模板中不需要的装饰并进行编辑文案、给字体调色等操作，如图11.5-18所示。完成后的效果见图11.5-9。其他的背景图可以用同样的方式进行加工。

图11.5-18

3. 举一反三

制作思路

（1）用 Midjourney 生成背景图，如图 11.5-19 ～ 图 11.5-22 所示。

（2）用稿定设计套入心仪的 PPT 模板，如图 11.5-23 ～ 图 11.5-26 所示。

图 11.5-19

图 11.5-20

图 11.5-21

图 11.5-22

图 11.5-23

图 11.5-24

图 11.5-25

图 11.5-26

除了 Midjourney 生成的背景图，字体同样是画面中体现风格时不可或缺的一部分。在中国风的 PPT 中常常会使用书法字体，这样会使整体呈现的效果更加飘逸。同样的，竖排文字也更契合传统风格。除此之外，中国风 PPT 大多带有传统元素，如梅花、祥云、波浪等。这些不同的元素可以构成不同的样式。当然，如今的中国风形态越发多元化，并不受限于传统的样式，大家可以大胆尝试喜欢的类型。

11.6 制作卡通风 PPT

若制作的 PPT 的受众是低龄人群，可以使用可爱的卡通图案吸引观众注意，让他们更快地进入主题。那么，如何用 Midjourney 生成卡通风的背景图呢？接下来一起看看以下案例吧。

1. 最终效果图和制作思路

最终效果图如图 11.6–1 ~ 图 11.6–4 所示，制作思路如图 11.6–5 ~ 图 11.6–12 所示。

图 11.6–1   图 11.6–2

图 11.6–3   图 11.6–4

图 11.6–5

图 11.6–6

图11.6-7

图11.6-8

图11.6-9

图11.6-10

图11.6-11

图11.6-12

制作思路

（1）用 Midjourney 生成背景图。

（2）用稿定设计套入心仪的 PPT 模板。

2. 步骤详解

步骤① 单击 Midjourney 对话框，输入"/"后选择 /imagine 命令，在 prompt 框中输入背景图提示词，如图 11.6-13 所示。

图11.6-13

提示词：Cartoon style, dog and cat standing in a row, cute, --ar 4：3 --niji 5

（卡通风格，狗和猫站成一排，可爱，出图比例 4：3，版本 niji 5）

129

步骤② 在生成的图像中选择自己想要的图像（U4），如图 11.6–14 所示。单击大图，选择用浏览器打开，在图像上右击，在弹出的快捷菜单中选择"保存图片"命令。通过调整细节可以多生成几组相似的背景图。完成后的效果见图 11.6–5 ～ 图 11.6–8。

图 11.6–14

步骤③ 打开稿定设计，在搜索栏中输入"卡通风 PPT"等关键词，并根据自身需求选择类型、分类和行业等，如图 11.6–15 所示。

图 11.6–15

步骤④ 在提供的模板中选择自己喜欢的样式，进入编辑界面后，在左侧单击"我的"按钮，在右侧单击"添加"按钮，选择"本地上传"选项，如图 11.6–16 所示，上传 Midjourney 生成的背景图，右击背景图，在弹出的快捷菜单中选择"设为背景"命令，如图 11.6–17 所示。

图 11.6–16　　　　　　　　图 11.6–17

步骤⑤ 根据自身需求，删除模板中不需要的装饰并编辑文案等，如图 11.6–18 所示。完成后的效果见图 11.6–1。其他的背景图可以用同样的方式进行加工。

图 11.6-18

3. 举一反三

制作思路

（1）用 Midjourney 生成背景图，如图 11.6-19 ~ 图 11.6-22 所示。

（2）用稿定设计套入心仪的 PPT 模板，如图 11.6-23 ~ 图 11.6-26 所示。

图 11.6-19

图 11.6-20

图 11.6-21

图 11.6-22

图 11.6–23

图 11.6–24

图 11.6–25

图 11.6–26

作者心得　• • •

　　制作卡通风格的 PPT 时，在文字以外的空白部分可以放一些和整体风格色调类似的装饰品，加强 PPT 的趣味性，让整体画面更加协调，从而更好地吸引观众的目光。

✎ 读书笔记

11

第 12 章

通过视觉识别（Visual Identity，VI）系统，可以符号的形式塑造出独特的企业形象。在日常的 VI 设计过程中，Midjourney 可以为用户提供创意，用户可以在此基础上结合其他软件进行后期加工，从而得到一套完整的 VI 设计。本章将讲解如何用 Midjourney 进行 VI 设计。

VI 设计

VI Design

12.1　VI 设计的基础知识

品牌可以通过 VI 设计将想要传达的理念、文化具象化，从而更直观地传递给消费者。一个完整的 VI 设计通常由品牌基础识别设计（LOGO）和其他应用类设计构成。

1. 常见的 LOGO 形式

LOGO 只是 VI 一个很小的组成部分，LOGO 需要体现出品牌的个性，所以能否抓住品牌内涵、了解品牌精神是 LOGO 设计的精髓。接下来介绍几种常见的 LOGO 形式。

（1）图形组合 LOGO

图形组合 LOGO 如图 12.1-1 ~ 图 12.1-3 所示。

图12.1-1　　　　　　　　图12.1-2　　　　　　　　图12.1-3

图12.1-1/ 图12.1-2　提示词

LOGO design, pet branding, graphic design, cat and number fusion, flat wind, flat pattern, geometric combination, cute, --niji 5

图12.1-3　提示词

LOGO design, graphic design, fox and letter isomorphism, there are 3 colors, which are isomorphic to the letter, symmetry, minimalism, Bauhaus style, flat pattern, vector, geometric combination, --niji 5

（2）字母加图形 LOGO

字母加图形 LOGO 如图 12.1-4 ~ 图 12.1-6 所示。

图12.1-4　　　　　　　　图12.1-5　　　　　　　　图12.1-6

图12.1-4　提示词

Design a LOGO around the letter P, geometry, golden ratio, vector, color is blue, on a white background, --niji 5

图 12.1-5　提示词

LOGO design, letter and pattern design, letter marker, isomorphic, the lines are composed and minimalist, an animal is combined with Arabic numerals, letter-deformed LOGO, composed of minimalism, --niji 5

图 12.1-6　提示词

LOGO design, letter and pattern design, isomorphic, an animal is combined with Arabic numerals, a cat and the letter C, composed of minimalism, --niji 5

（3）图像形态 LOGO

图像形态 LOGO 如图 12.1-7 ~ 图 12.1-9 所示。

图 12.1-7　　　　　　　　　图 12.1-8　　　　　　　　　图 12.1-9

图 12.1-7　提示词

Graphic LOGO, music store, bear and guitar isomorphic, concise, linear, --niji 5

图 12.1-8　提示词

A loving heart LOGO made up of puppies, white and navy, linear delicacy, symbolic iconography, --niji 5

图 12.1-9　提示词

Design a LOGO for a barbecue brand, young, trendy, dopamine style, --niji 5

（4）字体 LOGO

字体 LOGO 如图 12.1-10 ~ 图 12.1-12 所示。

图 12.1-10　　　　　　　　　图 12.1-11　　　　　　　　　图 12.1-12

图 12.1-10　提示词

LOGO design, in the style of realism, sparse, angular line work, iconic pop culture references, swirling vortexes, bold lettering, visual puns, --niji 5

图 12.1-11　提示词

Abstract, minimalism, minimal bold line LOGO, black and white monochrome, close-up, --niji 5

图 12.1–12　提示词

A rabbit–themed logo, in the style of Japanese–inspired art, visual kei, anime–influenced, simplistic, ––niji 5

（5）人物 LOGO

人物 LOGO 如图 12.1–13 ~ 图 12.1–15 所示。

图 12.1–13　　　　　　　　图 12.1–14　　　　　　　　图 12.1–15

图 12.1–13　提示词

Design a LOGO for a farm, the main character is a boy holding a little lamb, the style print is retro style, ––niji 5

图 12.1–14　提示词

Design a LOGO for the bubble tea shop, the protagonist is an ancient style beauty, Morandi color, combined with traditional Chinese culture, ––niji 5

图 12.1–15　提示词

Design a LOGO for a coffee shop, ielegant French style, high–class, lined, simple, ––niji 5

（6）徽章 LOGO

徽章 LOGO 如图 12.1–16 ~ 图 12.1–18 所示。

图 12.1–16　　　　　　　　图 12.1–17　　　　　　　　图 12.1–18

图 12.1–16　提示词

An image of a cat, in the style of dark navy, LOGO design, rounded, ––niji 5

图 12.1–17　提示词

Coat of arms LOGO, a deer in the forest, constructivism, printmaking style, clean background, ––niji 5

图 12.1–18　提示词

Coat of arms LOGO, hand drawn, constructivism, printmaking style, white background, ––niji 5

（7）动物 LOGO

动物 LOGO 如图 12.1–19 ~ 图 12.1–21 所示。

图12.1–19   图12.1–20   图12.1–21

图12.1–19   **提示词**

Design a LOGO based on animals, the main body is an animal, an elephant is playing, in the style of Keith Haring concise, a sense of line, bold lines and solid colors, 3 colors, ––niji 5

图12.1–20   **提示词**

A cat with headphones, LOGO design, round shapes, dark black and white, Japanese style, aurora punk, simplified and stylized portraits, ––niji 5

图12.1–21   **提示词**

A jumping fish, LOGO design, flat, 2D, white background, simple style, vector, ––niji 5

（8）植物 LOGO

植物 LOGO 如图 12.1–22 ~ 图 12.1–24 所示。

图12.1–22   图12.1–23   图12.1–24

图12.1–22   **提示词**

Image LOGO, the main body is lotus and pavilion, LOGO, concise, with artistic conception, the color is dark green and black, ––niji 5

图12.1–23   **提示词**

LOGO for a farm, the theme is plant–based, showing a natural green feeling, the style is flat and linear, ––niji 5

图12.1–24   **提示词**

Vegetables as a LOGO design, simple style, ––niji 5

2. 辅助图形

辅助图形作为品牌本身的"超级符号"，不需要具象的画面，只需根据 LOGO 或品牌的一些特点即可延展而成。最简单易懂的图形与符号，就能快速向消费者传递出品牌的个性与态度。

3. 品牌专用字

作为品牌形象打造过程中不可或缺的一环，品牌字体和品牌 LOGO 一样，都是强化辨识度的重要元素。有的字体端庄、严谨、正经，而有的字体让人脑洞大开，充满趣味，自由随意，不同的字体凸显了品牌的不同理念。

4. 吉祥物

品牌吉祥物 IP 基于品牌的价值输出，以个人或组织形象为核心，通过故事、人设等内容将品牌与用户连接。当用户对品牌产生了一定的认可后，他们就会自发地进行传播。所以好的品牌吉祥物可以帮助企业节省很多营销成本。图 12.1-25 ~ 图 12.1-28 所示为品牌吉祥物 IP。

图 12.1-25

图 12.1-25 提示词

Three images side by side, a cute white bear wearing shorts, standing naturally and full-faced, pop mart style, clean and simple design, IP image, high-grade natural color matching, bright and harmonious, cute and colorful, detailed character design, behance, organic sculpture, C4D, 3D animation style character design, cartoon realism, fun character setting, ray tracing, Children's book illustration style, --style expressive --ar 3 : 2 --niji 5

图 12.1-26   图 12.1-27

图12.1-26 提示词

Design a brand mascot for the farm, the main body is a small child wearing boots, C4D, holding crops, front view, back view, side view, --niji 5

图12.1-27 提示词

A little boy with glasses, a little painter, a plump body, a cute face, smile, Chibi, delicate facial features, clean design, clay model, blind box toy, pop mart, clean background, produces three views, front, side and back view, natural light, 8K, best quality, ultra detail, 3D, C4D, blender, OC render, ultra HD, 3D rendering, --style expressive, --niji 5

图12.1-28

图12.1-28 提示词

Super cute three-year-old little girl with short hair, red sundress, red leather shoes, multiple character poses and different expressions, Disney, Chibi, high sensibility, smooth material, detail, soft lighting, warmth, C4D octane rendering, blender, HD, triple view, front view, side view, back view, --niji 5

5. 常见的 VI 设计应用领域

常见的 VI 设计应用领域主要包括办公用品（便笺、名片、工作证、资料袋、公文表格等）、广告牌（门面、招牌、标志牌、霓虹灯广告等）、产品包装（纸盒包装、纸袋包装、塑料袋包装、陶瓷包装）、纪念品（钥匙牌、雨伞、纪念章、礼品袋等）、陈列展示（橱窗、展览、货架商品等）等。

6. 常用的提示词

LOGO 设计

Logo design, design a logo around the letter, geometry, vector, graphic logo, angular line work, line-based logo design, graphic design, brand design, white background, asymmetrical, graphic, flat round typography, overlap method

标志设计，围绕字母设计一个标志，几何，矢量，图形标志，对角线作品，基于线的标志设计，平面设计，品牌设计，白色背景，不对称，图形，扁平圆形排版，重叠法

IP 设计

Pop mart style, IP image, detailed character design, 3D animation style character design, cartoon realism, fun character setting, clay model, blind box toy, triple view, high-end natural color matching, brand proposal

泡泡玛特风格，IP 形象，细节人物设计，三维动画风格人物设计，卡通现实主义，趣味人物设定，黏土模型，盲盒玩具，三视图，高端自然配色，品牌提案

常见风格

Minimalism, Bauhaus style, dopamine style, pop culture references, retro style, hand drawn, in the style of Keith Haring concise, Japanese style, simplified and stylized portraits, flat style, C4D style, Children's book illustration style, abstract, Dutch constructivism, printmaking style, simple style, cubism

极简主义，包豪斯风格，多巴胺风格，流行文化参考，复古风格，手绘，凯斯·哈林简洁风格，日式风格，简洁化和风格化的肖像，扁平风格，C4D 风格，童书插画风格，抽象，荷兰构成主义，版画风格，简约风格，立体主义

12.2 LOGO 设计

若想制作一套完整的 VI 设计，一般都会先从 LOGO 设计入手，此时可以合理利用 Midjourney，为设计提供创意。不过需要注意的是，目前 Midjourney 还有很多功能上的局限性，如 LOGO 的文字部分需要后期配合其他软件进行处理。那么，如何用 Midjourney 写提示词呢？接下来一起看看以下案例吧。

1. 最终效果图和制作思路

最终效果图如图 12.2-1 所示，制作思路如图 12.2-2 ~ 图 12.2-4 所示。

图 12.2-1

图 12.2-2   图 12.2-3   图 12.2-4

制作思路

（1）用 Midjourney 生成图像。

（2）用 Photoshop 将 LOGO 抠出来。

（3）加上 LOGO 文字，并根据色调更改背景颜色。

2. 步骤详解

步骤① 根据前期调研，确定好自己需要的 LOGO 形式和 LOGO 想要呈现的内容。根据这些内容初步确定提示词。单击 Midjourney 对话框，输入"/"后选择 /imagine 命令，在 prompt 框中输入提示词，如图 12.2-5 所示。

图 12.2-5

提示词：A zoo logo design, abstract, Dutch constructivism, flat, linear, --niji 5
（动物园标志设计，抽象，荷兰构成主义，扁平，线性，版本 niji 5 ）

步骤② 在生成的图像中选择自己想要的图像（U3 ），如图 12.2-6 所示。单击大图，选择用浏览器打开，在图像上右击，在弹出的快捷菜单中选择"保存图片"命令。

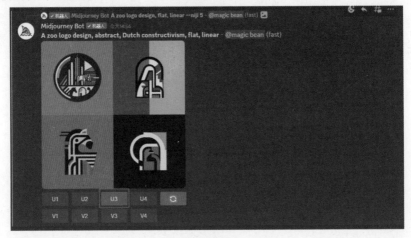

图 12.2-6

步骤③ 将保存下来的图像拖入 Photoshop 进行处理。首先找到"图层"面板，按快捷键 Ctrl+J 复制"背景"图层并隐藏下面图层。利用魔棒工具将 LOGO 从背景里抠出来，如图 12.2-7 ~ 图 12.2-9 所示。

图12.2-7   图12.2-8   图12.2-9

步骤④ 新建一个图层，并为图层填充浅灰色的背景，将该图层拖至"背景 拷贝"图层的下面，然后选择一个与 LOGO 风格相匹配的字体，如图 12.2-10 ~ 图 12.2-12 所示。

图12.2-10   图12.2-11   图12.2-12

步骤⑤ 根据画布大小将 LOGO 调整到合适的位置。完成后的效果见图 12.2-4。

3. 举一反三

制作思路

（1）用 Midjourney 生成图像，如图 12.2-13 所示。

（2）用 Photoshop 将 LOGO 抠出来，如图 12.2-14 所示。

（3）加上 LOGO 文字，并根据色调更改背景颜色，如图 12.2-15 所示。

图12.2-13   图12.2-14   图12.2-15

作者心得 ●●●

在用 Midjourney 出图前，需要事先确定好 LOGO 的文字和想要的 LOGO 样式，这样才能更好地调整提示词，让 Midjourney 生成的图像效果更贴近品牌。此外，Midjourney 目前的版本在处理文字时会出现许多问题，需要用户通过 Photoshop、Illustrator 等软件自行修改，并根据 LOGO 风格加上合适的文字。

12.3 IP 吉祥物的打造

一套 VI 设计，品牌 IP 吉祥物的打造也极为重要，打造 IP 的主要目的是增加品牌的识别度和亲和力，并方便后期的宣传，从而提高品牌知名度。一个成功的品牌 IP，一定有一套体系化的规范步骤，主要包括定位角色、讲述故事、价值观聚焦与内容延展。那么，如何用 Midjourney 写提示词呢？接下来一起看看以下案例吧。

1. 最终效果图和制作思路

最终效果图如图 12.3-1 所示，制作思路如图 12.3-2 和图 12.3-3 所示。

图 12.3-1

图 12.3-2

图 12.3-3

制作思路

（1）用 Midjourney 生成图像。

（2）用 Vary(Region) 功能调整图像的细节。

2. 步骤详解

步骤① 单击 Midjourney 对话框，输入"/"后选择 /imagine 命令，在 prompt 框中输入提示词，如图 12.3-4 所示。

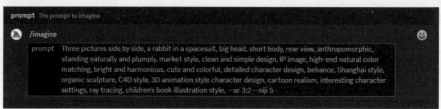

图 12.3-4

提示词：Three pictures side by side, a rabbit in a spacesuit, big head, short body, rear view, anthropomorphic, standing naturally and plumply, market style, clean and simple design, IP image, high-end natural color matching, bright and harmonious, cute and colorful, detailed character design, behance, Shanghai style, organic sculpture, C4D style, 3D animation style character design, cartoon realism, interesting character settings, ray tracing, children's book illustration style, --ar 3：2 --niji 5

（并排 3 张图，一只穿着航天服的兔子，大头，矮小的身材，后视图，拟人化，自然站立，丰满，市场风格，干净简洁的设计，IP 形象，高端自然配色，明朗和谐，可爱且多彩，细致的人物设计，灵感源自 behance 网站，上海风，有机雕塑，C4D 风格，三维动画风格角色设计，卡通写实，有趣的角色设置，光线追踪，童书插画风格，出图比例 3：2，版本 niji 5）

步骤② 在生成的图像中选择自己想要的图像（U2），如图 12.3-5 所示。完成后的效果见图 12.3-2。

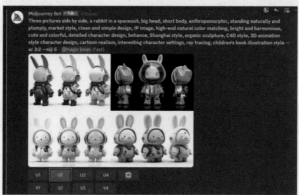

图 12.3-5

步骤③ 这时，生成的图像右边视角有重复，如图 12.3-6 所示，需要进行局部修改。单击 Vary(Region) 按钮，选择左下角的套索工具圈出需要修改的部分，完成后单击右下角的箭头，如图 12.3-7 所示。

| 图 12.3-6 | 图 12.3-7 |

步骤④ 在新生成的图像中选择自己想要的图像（U4），如图 12.3-8 所示。单击大图，选择用浏览器打开，在图像上右击，在弹出的快捷菜单中选择"保存图片"命令。完成后的效果见图 12.3-3。

图 12.3-8

3. 举一反三

制作思路

（1）根据 IP 的人物设定，在 Midjourney 中输入提示词，生成图像，如图 12.3-9 所示。

（2）用 Vary(Region) 功能调整图像的细节，如图 12.3-10 所示。

| 图 12.3-9 | 图 12.3-10 |

12

在用 Midjourney 出图前，要先确定好画面的比例，如本例要生成三视图，需要画面为横幅，可以将比例调整为 3∶2。如果 Midjourney 在生成三视图时生成的图像不稳定，则可以考虑在提示词中加入具体描述，如 front view（正视图）、side view（侧视图）、back view（后视图）。

12.4　IP 的延展应用

每个 IP 都有自己相对应的设定，而一套好的 IP 需要根据其设定进行延展。品牌 IP 故事设定需要在品牌传播过程中结合企业形象、产品信息等要素，同时加入时间、地点、人物等相关信息，由此展开叙述，最终通过生动有趣或感动人心的表达方式，唤起与目标受众之间的共鸣。那么，如何用 Midjourney 写提示词呢？接下来一起看看以下案例吧。

1. 最终效果图和制作思路

最终效果图如图 12.4-1 所示，制作思路如图 12.4-2 ~ 图 12.4-5 所示。

图 12.4-1

图 12.4-2

图 12.4-3

图 12.4-4

图 12.4-5

制作思路

（1）根据设定用 Midjourney 生成一个 IP 形象。

（2）根据 IP 的故事背景用 Midjourney 生成一个背景图。

（3）用 Photoshop 抠图处理人物和调整背景，加上文字并进行整体调色。

2. 步骤详解

步骤① 单击 Midjourney 对话框，输入 "/" 后选择 /imagine 命令，在 prompt 框中输入提示词，如图 12.4-6 所示。

图 12.4-6

提示词：Coco is a six-year-old girl, adventurous, wearing bib pants on a skateboard, standing naturally, plump body, cute face, smile, Chibi, delicate facial features, clean design, clay model, blind box toy, pop mart, clean background, natural light, best quality, ultra detail, 3D, C4D, blender, OC render, ultra HD, 3D rendering, 8K, --seed 3912995566 --style expressive --niji 5

（Coco 是一个 6 岁的女孩，喜欢冒险，穿着背带裤站在滑板上，自然站立，胖乎乎的身材，可爱的脸蛋，微笑，小个子，精致的五官，简洁的设计，黏土模型，盲盒玩具，泡泡玛特，干净的背景，自然光，最佳质量，超细节，三维，C4D，混合，超频渲染器，超高清，三维渲染，8K，种子值 3912995566，风格表现力，版本 niji 5）

步骤② 在生成的图像中选择自己想要的图像（U3），如图 12.4-7 所示。单击大图，选择用浏览器打开，在图像上右击，在弹出的快捷菜单中选择"保存图片"命令。

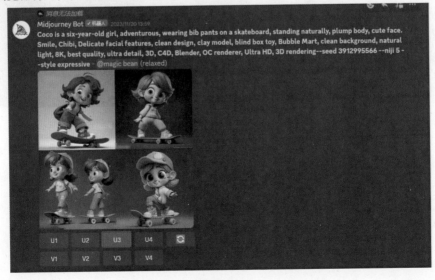

图 12.4-7

步骤③ 根据事先构想的 IP 世界观设定生成场景插图。在 prompt 框中输入提示词，如图 12.4-8 所示。在生成的图像中选择自己想要的图像（U3），如图 12.4-9 所示。单击大图，选择用浏览器打开，在图像上右击，在弹出的快捷菜单中选择"保存图片"命令。完成后的效果见图 12.4-3。

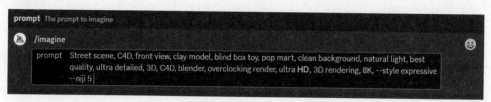

图 12.4-8

提示词：Street scene, C4D, front view, clay model, blind box toy, pop mart, clean background, natural light, best quality, ultra detailed, 3D, C4D, blender, overclocking render, ultra HD, 3D rendering, 8K, --style expressive --niji 5

（街景，C4D，前视图，黏土模型，盲盒玩具，泡泡玛特，干净的背景，自然光，最佳质量，超细节，三维，C4D，混合，超频渲染器，超高清，三维渲染，8K，风格表现，版本 niji 5）

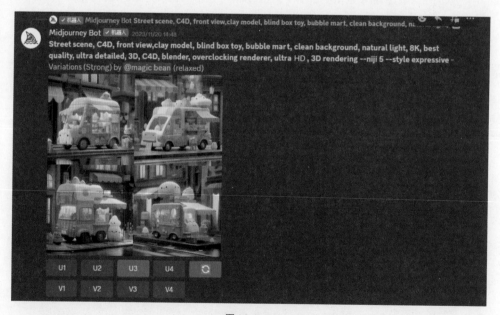

图 12.4-9

步骤④ 将生成的背景图拖入 Photoshop，选择"滤镜"→"模糊画廊"→"场景模糊"命令，在画面中增加两个模糊点，如图 12.4-10 所示。再单击文字工具，加上相应的文案。完成后的效果如图 12.4-11 所示。

步骤⑤ 嵌入 IP 形象，并调整至合适的位置，可根据自身需求加上阴影、灯光等效果。完成后的效果如图 12.4-12 所示。

图12.4-10 图12.4-11 图12.4-12

3. 举一反三

制作思路

（1）根据设定用 Midjourney 生成一个 IP 形象，如图 12.4-13 所示。

（2）根据 IP 的故事背景用 Midjourney 生成一个背景图，如图 12.4-14 所示。

（3）用 Photoshop 抠图处理人物和调整背景，加上文字并进行整体调色，如图 12.4-15 所示。

图12.4-13 图12.4-14 图12.4-15

作者心得

　　在用 Midjourney 生成 IP 形象时，可以根据需要加上一些特定的提示词，如 clay model（黏土模型）、blind box toy（盲盒玩具）、pop mart（泡泡玛特）等来控制画面的稳定性。

12.5 餐饮品牌 VI 设计

12

　　VI 设计包含的内容较多，通常情况下大部分 VI 设计里有 LOGO、吉祥物和一些物料延展设计。那么，如何用 Midjourney 写提示词呢？接下来一起看看以下案例吧。

1. 最终效果图和制作思路

最终效果图如图 12.5-1 所示，制作思路如图 12.5-2 ~ 图 12.5-4 所示。

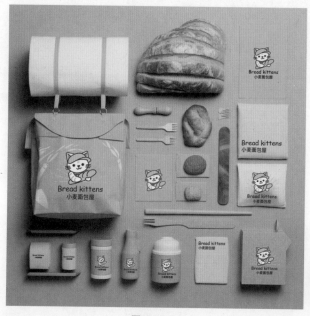

图 12.5-1

图 12.5-2

图 12.5-3

图 12.5-4

制作思路

（1）根据提示词用 Midjourney 生成一个 LOGO。

（2）根据生成的 LOGO 制作一个新 LOGO。

（3）用 Photoshop 处理样机，将新 LOGO 贴在样机上。

2. 步骤详解

步骤① 单击 Midjourney 对话框，输入 "/" 后选择 /imagine 命令，在 prompt 框中输入提示词，如图 12.5-5 所示。

图 12.5-5

提示词：A cat holding a baguette, white background, line-based LOGO design, --niji 5
（一只拿着法式长棍面包的猫，白色背景，基于线条的 LOGO 设计，版本 niji 5）

步骤② 在生成的图像中选择自己想要的图像（U4），如图 12.5-6 所示。单击大图，选择用浏览器打开，在图像上右击，在弹出的快捷菜单中选择"保存图片"命令。

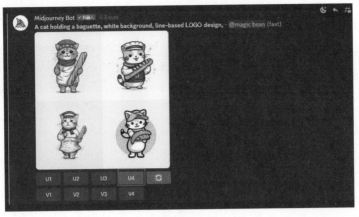

图12.5-6

步骤③ 观察生成的效果图，发现生成的 LOGO 在细节上有明显不足，用 Midjourney 单独修改后的效果也并不理想。这时，可以借助 Illustrator 软件进行细节的优化和图案的取舍。

首先将图像置入 Illustrator 软件，选择钢笔工具，根据垫底图勾出新的图，再调整线条粗细并进行上色，得到一个矢量化图形 LOGO，如图 12.5-7 ~ 图 12.5-9 所示。

图12.5-7

图12.5-8

图12.5-9

Illustrator 是一种应用于出版、多媒体和在线图像的工业标准矢量插画软件。主要用于印刷出版、海报书籍排版、专业插画绘制、多媒体图像处理和互联网页面的制作等，也可以为线稿提供较高的精度控制，既适合进行小型设计，又能处理大型复杂项目。

步骤④ 根据 LOGO 的图案和风格，加上与之相匹配的文字和相关元素，如图 12.5-10 所示。

图12.5-10

步骤⑤　单击 Midjourney 对话框，输入"/"后选择 /imagine 命令，在 prompt 框中输入有关品牌提案的提示词，需要保证里面包含品牌主题和衍生物料，如图 12.5–11 所示。

图12.5–11

提示词：Bread brand proposal, business cards, bags, menus, tape, stickers, in yellow–white colors, ––v 5.2

（面包品牌提案，名片，袋子，菜单，胶带，贴纸，黄白色，版本 v 5.2）

步骤⑥　在生成的图像中选择自己想要的图像（U1），如图 12.5–12 所示。单击大图，选择用浏览器打开，在图像上右击，在弹出的快捷菜单中选择"保存图片"命令。

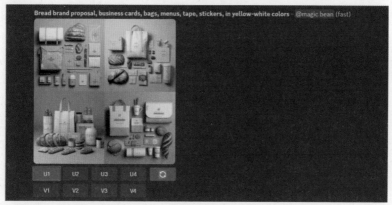

图12.5–12

步骤⑦　将效果图拖入 Photoshop。选择矩形选框工具，将有文字的地方框起来，在菜单栏中选择"编辑"命令，进行内容识别与填充，并依次单击以进行识别，如图 12.5–13 所示。

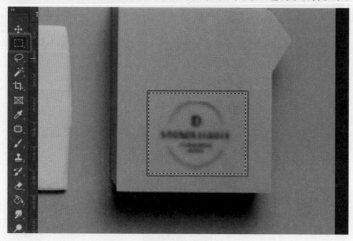

图12.5–13

步骤⑧　将制作好的 LOGO 嵌入修改好的物料图，并注意大小和比例，如图 12.5–14 和图 12.5–15 所示。完成后的效果见图 12.5–4。

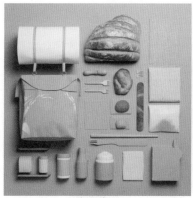

图 12.5-14   图 12.5-15

3. 举一反三

制作思路

（1）根据品牌风格用 Midjourney 生成图像，如图 12.5-16 所示。

（2）根据品牌风格用 Midjourney 生成图像，并将图像本身的文字和 LOGO 涂抹掉，如图 12.5-17 所示。

（3）将生成的 LOGO 图贴到物料上，如图 12.5-18 所示。

图 12.5-16   图 12.5-17   图 12.5-18

作者心得

    一套完整的 VI 设计包含的内容很多、很杂，所以大家需要在最开始就构思好自己的品牌名、内容、颜色和吉祥物等，这样才方便后续对提示词进行把控。

12.6 文创品牌 VI 设计

    文创即文化创意，每个文创品牌都具有自己的理念、定位、模式、营销、物料等。Midjourney 生成的设计图可以为文创品牌 VI 设计提供一些参考。接下来一起看看以下案例吧。

12

1. 最终效果图和制作思路

最终效果图如图 12.6-1 所示，制作思路如图 12.6-2 ~ 图 12.6-4 所示。

图 12.6-2

图 12.6-3

图 12.6-1

图 12.6-4

制作思路

（1）用 Midjourney 生成图像。

（2）用 Photoshop 的矩形工具绘制出产品平面图。

（3）用 Illustrator 将生成的图像置入平面图。

2. 步骤详解

步骤① 单击 Midjourney 对话框，输入"/"后选择 /imagine 命令，在 prompt 框中输入提示词，如图 12.6-5 所示。

prompt The prompt to imagine

/imagine

prompt Vector illustration, god of wealth, young, cute, naive, doudou eyes, holding a big ingot in his hand, sitting on the clouds, black tracing line --niji 5

图 12.6-5

提示词：Vector illustration, god of wealth, young, cute, naive, doudou eyes, holding a big ingot in his hand, sitting on the clouds, black tracing line --niji 5

（矢量插画，财神，年轻，可爱，天真，豆豆眼，手里拿着大元宝，坐在云中，黑色描线，版本 niji 5）

步骤② 在生成的图像中选择自己想要的图像（U1 ~ U4），如图 12.6-6 所示。单击大图，选择用浏览器打开，在图像上右击，在弹出的快捷菜单中选择"保存图片"命令。完成后的效果见图 12.6-2。

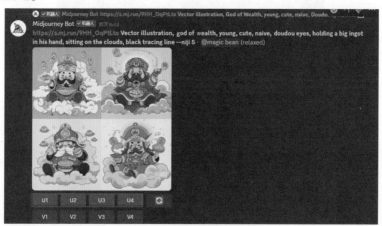

图 12.6-6

步骤③ 将 Midjourney 生成的图像置入 Photoshop，对其进行抠图处理，如图 12.6-7 所示，完成后将图像保存为 PNG 格式。

图 12.6-7

步骤④ 将刚保存的 PNG 格式的图像置入 Illustrator 软件的画板中，依据自己的需求用矩形工具绘制出产品的平面图，如图 12.6-8 所示。完成后的效果见图 12.6-3。

图12.6-8

步骤⑤ 将 PNG 格式的图像调整到产品平面图中合适的位置，如图 12.6–9 所示。完成后的效果见图 12.6–4。

图12.6–9

3. 举一反三

实践篇

第 12 章 VI 设计

制作思路

（1）用 Midjourney 生成图像，如图 12.6-10 所示。

（2）用 Photoshop 的矩形工具绘制出产品平面图，如图 12.6-11 所示。

（3）用 Illustrator 将生成的图像置入平面图，如图 12.6-12 所示。

图 12.6-10

图 12.6-11

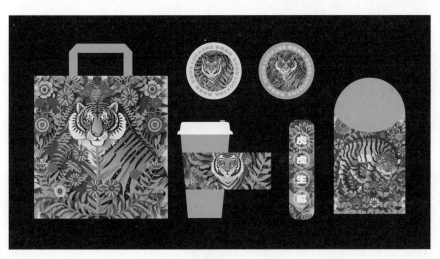

图 12.6-12

作者心得

在用 Midjourney 生成图像时，如果反复尝试后仍达不到自己预想的效果，可以尝试通过垫图 + 提示词的方式来描述画面。这样可以减少因为描述不准确而导致的效果不佳，从而减少修改的次数。

12

第13章

电商设计通常是指在电子商务平台上进行的设计活动。电商设计不仅要考虑视觉传达效果，还要考虑与用户的交互体验，所以需要有更多的创意。而 Midjourney 能在这个过程中为设计者提供创作灵感，节约创作时间。本章将讲解如何用 Midjourney 进行电商相关的一些设计。

电商相关设计

E-commerce Related Design

13.1 电商设计的基础知识

电商通常分为综合性电商平台和社交性电商平台，让消费者通过网络在网上购物、网上支付，节省了客户与企业的时间和空间，大大提高了交易效率。在消费者信息多元化的 21 世纪，足不出户通过网络渠道了解商品信息，已经成为消费者的习惯和基本需求。

1. 常见的电商相关设计

电商设计包含的范围比较广，下面介绍几种常见的设计。

（1）美妆参考

如今，美妆护肤已是生活中重要的一部分，化妆、护肤和喷香的过程可以提供情绪价值。而 Midjourney 可以直接为人们生成妆后的样子，为人们提供美妆参考，如图 13.1-1 和图 13.1-2 所示。

图 13.1-1 · 图 13.1-2

图 13.1-1/ 图 13.1-2　提示词

Asian girl has pink makeup and flowers on her face, exquisite makeup, creative makeup, glowing, dotted with sequins, mixed flowers and butterflies, simple mysterious lines on her face, facial close-ups, global illumination, eye-catching compositions, naturalistic aesthetics, real photography, 8K, --v 5.2

（2）灯牌设计

灯牌，也称为 LED 灯牌、灯板。灯牌设计是指用 LED 灯管在基板上组成文字和图案，通过接通电源，发出各种漂亮的颜色，并结合闪烁、变幻等特效，达到宣传及展示的作用，如图 13.1-3 和图 13.1-4 所示。

13

 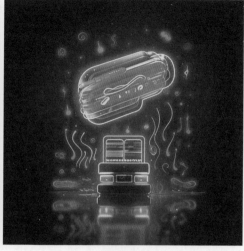

图 13.1-3　　　　　　　　　　　图 13.1-4

图 13.1-3/ 图 13.1-4　**提示词**

Acrylic light sign design, music theme, musical notes and microphone elements, pink and purple, glow, neon, simple lines, dark background, creative shapes, acrylic material, multiple perspectives, advertising design, plane, detailed details, 8K, --v 5.2

（3）弹窗广告设计

弹窗广告是指打开网站或 App 后自动弹出的广告，可以在短时间内将广告内容展现给用户，以达到更强的传播效果，如图 13.1-5 ~ 图 13.1-8 所示。

图 13.1-5　　　　　　　　　　　图 13.1-6

图13.1-7 图13.1-8

图 13.1-5/ 图 13.1-6/ 图 13.1-7/ 图 13.1-8 **提示词**

Web advertising, music website official logo, musical notes, musical instrument elements, vibrant and dynamic atmosphere, cute toy sculptures, dynamic scenes, vivid energy explosion, website promotion style, C4D rendering, 32K, --v 5.2

2. 常见的电商设计应用领域

电子商务系统作为信息流、物流的实现手段，应用极其广泛，主要适用于以下领域：网上商城（批发、零售商品、拍卖等交易活动）、自媒体运营、数据通信和硬件生产商、信息公司、咨询服务公司、顾问公司等。

3. 常用的电商设计提示词

直播相关

Expression stickers, acrylic light sign design, the layout of the live broadcast room, subjective perspective, global illumination, interior design style, 3D icon, studio set design, studio lighting, background wall

表情包，亚克力招牌设计，直播间布置，主视角，全局照明，室内设计风格，三维图标，演播室布景设计，演播室灯光，背景墙

产品设计

Shopping websites, shopping carts, clothing, electronic products, web advertising, for commercial display purposes, aesthetic, functional, innovative, sustainable, user-centered, durable, high-quality, lightweight, robust, intuitive, safe, comfortable, high-performance, eco-friendly, personalized

购物网站，购物车，服装，电子产品，网络广告，商业展示目的，美观性，功能性，创新性，可持续性，以用户为中心，耐用性，高品质，轻便，坚固，易用的，安全的，舒适，高性能，环保的，个性化

13

常见风格

Simple style, graphic design, graphic illustration, ultra–futurism, web design, advertising design, website promotion style, futuristic, minimalist, Monet's atmosphere

简约风格，平面设计，平面插画，超未来主义，网页设计，广告设计，网站推广风格，未来主义，极简主义，莫奈氛围

13.2 制作表情包

表情包是一种网络表达符号，通过静态或 GIF 动态图像，可以更加快捷且诙谐地传达含义。如今，表情包已经成为各大社交平台十分常见的沟通符号。若想制作一套属于自己的表情包，Midjourney 可以派上用场，接下来一起看看以下案例吧。

1. 最终效果图和制作思路

最终效果图如图 13.2–1 所示，制作思路如图 13.2–2 ~ 图 13.2–4 所示。

图 13.2–1

图 13.2–2

图 13.2–3

图 13.2–4

制作思路

（1）用 Midjourney 生成插画。

（2）用稿定设计完成抠图。

（3）用稿定设计的"文字"功能进行配字。

2. 步骤详解

步骤① 单击 Midjourney 对话框，输入"/"后选择 /imagine 命令，在 prompt 框中输入插画提示词，如图 13.2-5 所示。

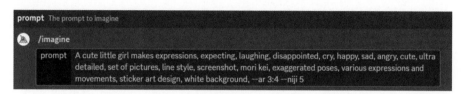

图13.2-5

提 示 词：A cute little girl makes expressions, expecting, laughing, disappointed,cry, happy, sad, angry, cute, ultra detailed, set of pictures, line style, screenshot, mori kei, exaggerated poses, various expressions and movements, sticker art design, white background, --ar 3：4 --niji 5

（一个做着表情的可爱小女孩，期待，笑，失望，哭，开心，伤心，生气，可爱，超详细，组图，线条风格，截图，森系，夸张的姿势，各种表情和动作，贴纸艺术设计，白色背景，出图比例 3：4，版本 niji 5）

步骤② 在生成的图像中选择自己想要的图像（U1），如图 13.2-6 所示。单击大图，选择用浏览器打开，在图像上右击，在弹出的快捷菜单中选择"保存图片"命令。完成后的效果见图 13.2-2。

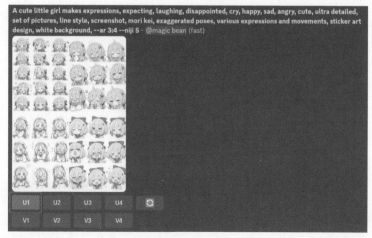

图13.2-6

步骤③ 打开稿定设计，分别单击"设计工具"和"在线抠图"按钮，如图 13.2-7 所示，上传 Midjourney 生成的图像，如图 13.2-8 所示。

图13.2-7

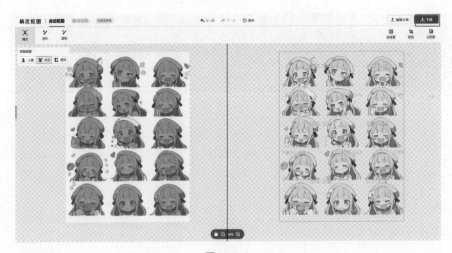

图13.2-8

步骤④ 根据需求可自行调整图像。注意，在最后保存时选择PNG格式，如图13.2-9所示。完成后的效果见图13.2-3。

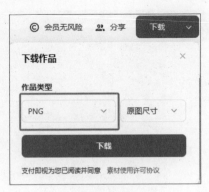

图13.2-9

步骤⑤ 返回"设计工具"栏，单击"图片编辑"按钮，如图13.2-10所示，上传之前抠好的图像。选择"文字"功能，根据需求调整字体、添加特效和设置文字颜色等，如图13.2-11所示。完成后的效果见图13.2-4。

图 13.2-10 　　　　　　　　　　　　　　图 13.2-11

3. 举一反三

制作思路

（1）用 Midjourney 生成插画，如图 13.2-12 所示。

（2）用稿定设计完成抠图，如图 13.2-13 所示。

（3）用稿定设计的"文字"功能进行配字，如图 13.2-14 所示。

图 13.2-12 　　　　　　　图 13.2-13 　　　　　　　图 13.2-14

作者心得 ● ● ●

　　当想用 Midjourney 生成应用表情包时，多样的表情是关键，这时可以在 expressions（表情）后添加更细节的提示词，将表情拆分得更加具体，如 expecting, laughing, disappointed, cry, happy, sad, angry, cute（期待，笑，失望，哭，开心，伤心，生气，可爱）等。

13.3 制作直播间礼物图像

网络直播是一种全新的媒介形态，当今社会越来越多的人逐渐接纳了这种传播形式。视频直播的交互方式开始变得越发多元，于是直播间相关产品的制作也越来越受到人们的重视。那么，Midjourney 能够生成直播间的礼物图像吗？接下来一起看看以下案例吧。

1. 最终效果图和制作思路

最终效果图如图 13.3-1 ~ 图 13.3-4 所示，制作思路如图 13.3-5 ~ 图 13.3-8 所示。

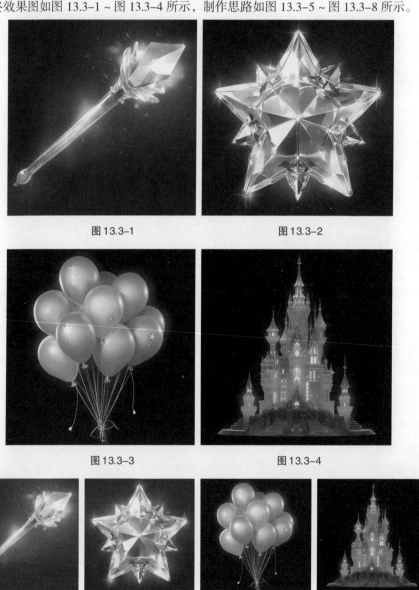

图 13.3-1   图 13.3-2

图 13.3-3   图 13.3-4

图 13.3-5   图 13.3-6   图 13.3-7   图 13.3-8

制作思路

（1）用 Midjourney 生成礼物图像。

（2）调整提示词中的主体词，生成一系列相同风格的其他礼物图像。

2. 步骤详解

步骤① 单击 Midjourney 对话框，输入"/"后选择 /imagine 命令，在 prompt 框中输入礼物图像提示词，如图 13.3-9 所示。

图 13.3-9

提示词：Magic stick 3D icon design, gradient colors, vibrant color scheme, sparkling feeling, neon light, cyberpunk style, psychedelic, best details, 3D rendering, dazzling light, psychedelic colors, bright colors, HD, --niji 5

（魔法棒的三维图标设计，渐变色，充满活力的配色，闪闪发光的感觉，霓虹灯，赛博朋克风格，迷幻，高细节，三维渲染，耀眼的光，迷幻的色彩，明亮的颜色，高清，版本 niji 5）

步骤② 在生成的图像中选择自己想要的图像（U1），如图 13.3-10 所示。单击大图，选择用浏览器打开，在图像上右击，在弹出的快捷菜单中选择"保存图片"命令。完成后的效果见图 13.3-1。

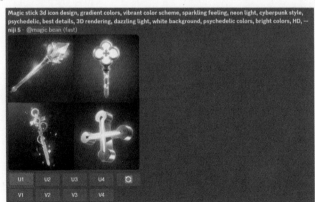

图 13.3-10

步骤③ 改变提示词中的主体词，如图 13.3-11 ~ 图 13.3-13 所示，生成相同风格的其他礼物图像。

图 13.3-11

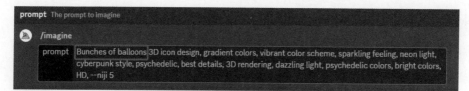

图 13.3–12

图 13.3–13

3. 举一反三

制作思路

（1）用 Midjourney 生成礼物图像，如图 13.3–14 所示。

（2）调整提示词中的主体词，生成一系列相同风格的其他礼物图像，如图 13.3–15 ~
图 13.3–17 所示。

图 13.3–14

图 13.3–15

图 13.3–16

图 13.3–17

直播间礼物的种类有很多，大家可以根据自身设想更换提示词中的主体词。比如，将
magic stick（魔法棒）更改为 star（星星）、bunches of balloons（多束气球）、castle（城堡）等。

13.4 制作 App 开屏海报

开屏广告是一种常见的营销手段，可以在短时间内吸引用户眼球，增加点击率与
品牌曝光度。当大家想为自己的品牌制作一张开屏海报时，如何用 Midjourney 写提示
词，又如何用其他软件对生成的图像进行加工呢？接下来一起看看以下案例吧。

1. 最终效果图和制作思路

最终效果图如图 13.4–1 所示，制作思路如图 13.4–2 和图 13.4–3 所示。

图 13.4–1

图 13.4–2

图 13.4–3

制作思路

（1）用 Midjourney 生成图像。

（2）用稿定设计套入心仪的模板。

2. 步骤详解

步骤① 单击 Midjourney 对话框，输入"/"后选择 /imagine 命令，在 prompt 框中输入开屏海报提示词，如图 13.4-4 所示。

图 13.4-4

提示词：Graphic design about shopping websites, shopping carts, clothing, electronic products and other elements, low purity colors, harmonious combinations, central composition, ultra-modern, award-winning design, simple style, graphic design, graphic illustration, ultra-futurism, web design, HD, --ar 9 : 16 --v 5.2

（关于购物网站的平面设计，购物车，服装，电子产品等元素，低纯度的色彩，和谐的组合，中心构图，超现代，获奖设计，简约的风格，平面设计，平面插画，超未来主义，网页设计，高清，出图比例 9：16，版本 v 5.2）

步骤② 在生成的图像中选择自己想要的图像（U4），如图 13.4-5 所示。单击大图，选择用浏览器打开，在图像上右击，在弹出的快捷菜单中选择"保存图片"命令。完成后的效果见图 13.4-2。

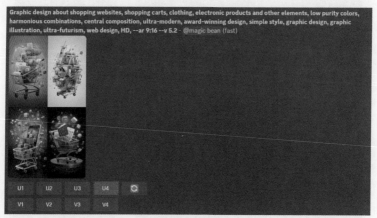

图 13.4-5

步骤③ 打开稿定设计，在搜索栏中输入"开屏"等关键词，如图 13.4-6 所示。

图 13.4-6

步骤④ 在提供的模板中选择自己喜欢的样式，进入编辑界面后，在左侧单击"我的"按钮，在右侧单击"添加"按钮，选择"本地上传"选项，如图13.4-7所示，上传Midjourney生成的背景图，右击背景图，在弹出的快捷菜单中选择"设为背景"命令，如图13.4-8所示。

图13.4-7   图13.4-8

步骤⑤ 根据自身需求，删除模板中不需要的装饰并编辑文案等。完成后的效果见图13.4-3。

3. 举一反三

制作思路

（1）用Midjourney生成图像，如图13.4-9所示。
（2）用稿定设计套入心仪的模板，如图13.4-10所示。

图13.4-9   图13.4-10

作者心得 • • •

在用 Midjourney 增加提示词时，如果增加的提示词过多，可能会导致部分元素在图像中的体现不明显，面对这种情况，可以采取增加权重或调整提示词顺序的方式来控制图像的生成。

13.5 制作直播间背景

在视频直播中，直播间背景好看与否，也会在一定程度上影响观众的观感。那么，什么样的直播间背景才能辅助提升观众的视觉体验呢？此时，Midjourney 能提供哪些帮助呢？接下来一起看看以下案例吧。

1. 最终效果图和制作思路

最终效果图如图 13.5-1 所示，制作思路如图 13.5-2 和图 13.5-3 所示。

图 13.5-1

图 13.5-2

图 13.5-3

制作思路

（1）用 Midjourney 生成图像。

（2）用稿定设计套入直播间模板。

2. 步骤详解

步骤① 单击 Midjourney 对话框，输入"/"后选择 /imagine 命令，在 prompt 框中输入提示词，如图 13.5-4 所示。

图 13.5-4

提示词：Chinese New Year atmosphere live broadcast background wall, mainly red, gold and white, snow, lanterns, lion dance, firecrackers, wooden furniture and other elements, studio lighting, Chinese New Year atmosphere, Chinese style, studio scenery, ultra high definition, 8K, --ar 9：16 --v 5.2

（中国新年氛围直播背景墙，主要有红、金、白、雪花、灯笼、舞狮、鞭炮、木质家具等元素，演播室灯光，中国新年氛围，中国风，演播室布景，超细节，8K，出图比例 9：16，版本 v 5.2）

步骤② 在生成的图像中选择自己想要的图像（U3），如图 13.5-5 所示。单击大图，选择用浏览器打开，在图像上右击，在弹出的快捷菜单中选择"保存图片"命令。完成后的效果见图 13.5-2。

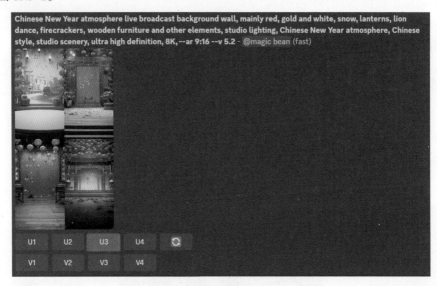

图 13.5-5

步骤③ 打开稿定设计，在搜索栏中输入"直播间"等关键词，并根据自身需求选择用途、渠道和设计类型等，如图 13.5-6 所示。

图 13.5-6

步骤④ 在提供的模板中选择自己喜欢的样式，进入编辑界面后，在左侧单击"我的"按钮，在右侧单击"添加"按钮，选择"本地上传"选项，如图 13.5-7 所示，上传Midjourney 生成的背景图，右击背景图，在弹出的快捷菜单中选择"设为背景"命令，如图 13.5-8 所示。

图 13.5-7

图 13.5-8

步骤⑤ 根据自身需求，删除模板中不需要的装饰并编辑文案等。完成后的效果见图 13.5-3。

3. 举一反三

制作思路

（1）用 Midjourney 生成图像，如图 13.5-9 所示。

（2）用稿定设计套入直播间模板，如图 13.5-10 所示。

图 13.5-9   图 13.5-10

作者心得
● ● ●

　　直播间的场景布置需要契合直播内容本身，根据产品和主题的风格来确定场景。除此之外，灯光布置和机位构图同样会影响观众的整体观感。大家可以结合这些方面的因素进行多方面考虑。

13.6　制作电商 Banner 图

　　Banner 图主要是指网页导航图，通常由背景图、LOGO 和文案构成。Midjourney 生成的图像可以为 Banner 图的设计提供一些参考。接下来一起看看以下案例吧。

1. 最终效果图和制作思路

最终效果图如图 13.6-1 所示，制作思路如图 13.6-2 ~ 图 13.6-4 所示。

图 13.6-1

图 13.6-2

图 13.6-3

图 13.6-4

13

制作思路

（1）用 Midjourney 生成图像。

（2）用 Photoshop 加上文字和装饰。

（3）用 Photoshop 加上主体物，并调整颜色和位置。

2. 步骤详解

步骤① 单击 Midjourney 对话框，输入"/"后选择 /imagine 命令，在 prompt 框中输入提示词，如图 13.6-5 所示。

图 13.6-5

提 示 词：Camping, a tent and some camping supplies, clean design, clay models, blind box toys, foam market, clean background, natural light, 8K, best picture quality, super detail, 3D, C4D blender, overclocked render, ultra HD, 3D rendering,--niji 5 --style expressive

（露营，帐篷和一些露营用品，干净的设计，黏土模型，盲盒玩具，泡沫市场，干净的背景，自然光，8K，最佳画质，超级细节，三维，C4D 渲染，超频渲染器，超高清，三维渲染，风格表现力，版本 niji 5）

步骤② 在生成的图像中选择自己想要的图像（U1），如图 13.6-6 所示。单击大图，选择用浏览器打开，在图像上右击，在弹出的快捷菜单中选择"保存图片"命令。完成后的效果见图 13.6-2。

图 13.6-6

步骤③ 打开 Photoshop，创建一个 750px×390px 大小的画布，如图 13.6-7 所示。将 Midjourney 生成的图像置入画板，栅格化后进行抠图处理，得到一个干净的白色场景图，并将该图像所在图层命名为"主体物"，如图 13.6-8 所示。

图 13.6-7 　　　　　　　　　　　　图 13.6-8

步骤④ 创建一个矩形，并使矩形充满整个画布。将"填充"更改为渐变，将"描边"更改为无，如图 13.6-9 所示。

图 13.6-9

步骤⑤ 新建一个图层，创建两个椭圆选区并分别填充颜色，如图 13.6-10 所示。在菜单栏中选择"滤镜"→"高斯模糊"命令，将模糊"半径"调高，使色块能与背景更好地融合，如图 13.6-11 所示。

图 13.6-10 　　　　　　　　　　　　图 13.6-11

步骤⑥ 将"主体物"图层置于顶层，并调整至合适的位置。然后对文字进行排版，放入版面中。如果发现版面比较空，可以复制"主体物"图层，进行"场景模糊"处理，然后调整其位置。完成后按快捷键 Ctrl+U 进行颜色调整，直到整个版面色彩和谐，如图 13.6-12 和图 13.6-13 所示。

图 13.6-12

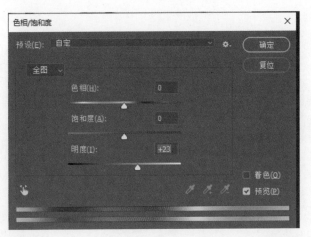

图 13.6-13

步骤⑦ 观察图像后，可以发现主体物与背景的融合不够柔和。此时可以选择"主体物"图层，如图 13.6-14 所示，创建一个剪贴蒙版，用黑色柔边画笔使边缘轻轻柔和过渡。完成后的效果见图 13.6-4。

图 13.6-14

3. 举一反三

制作思路

（1）用 Midjourney 生成图像，如图 13.6-15 所示和图 13.6-16 所示

（2）用 Photoshop 加上文字和装饰，如图 13.6-17 所示。

（3）用 Photoshop 加上主体物，并调整颜色和位置，如图 13.6-18 所示。

图 13.6-15 图 13.6-16

图 13.6-17 图 13.6-18

作者心得

　　因为 Banner 图的图幅尺寸很小，所以生成的画面需要明确、文案需要精练，让人一目了然。在使用 Midjourney 时，需要生成主体物突出的图像。而在后期的处理过程中，使用素材丰富画面时也需要注意避免使用与品牌调性不符的素材，从而确保整体形象的统一。

✎ 读书笔记

摄影作品是现代记录日常生活的一种艺术形式，画面的整体构图和色调，可以直观且形象地辅助视觉传达效果。而Midjourney 的出现，可以激发摄影师的灵感，并在构图和后期处理上给出参考。本章将讲解如何用 Midjourney 制作摄影作品。

摄影作品制作

Photographic Works Production

14.1　摄影基础知识

摄影即使用某种专业设备进行影像记录的过程，专业设备一般为机械照相机或数码相机。而快门、光圈、ISO 等参数的设置，都会影响摄影作品的最终呈现效果。所以在 Midjourney 的提示词中，也要运用快门、光圈、ISO 等提示词来构建更好的摄影效果。

1. 常见的摄影风格

摄影风格有很多，根据内容主要分为以下几种。

（1）人物摄影

人物摄影就是以人物为主要创作对象的摄影形式，以刻画与表现被摄者的具体相貌和神态为创作的首要任务。拍摄形式包括特写、鱼眼镜头、半身像和全身像等，如图 14.1–1 ~ 图 14.1–4 所示。

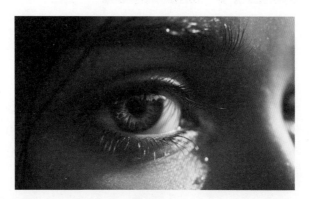

图 14.1–1

图 14.1–1　提示词

A close up view of girl's eye with colored eyes, single eye, macro zoom, local close–up, realistic light and shadow, photo by Hasselblad 500c/m, hyper–realistic illustrations, full vibrant, highly detailed, uhd image, ––ar 5∶3 ––v 5.2

图 14.1–2

图 14.1-2 提示词

The GoPro view of a girl walking down the street, fish-eye effect, walking in the bustling street, city night views in the background, fine art cinematic portrait photography, impressive, street art sensibilities, realist detail, --ar 16：9 --v 5.2

图 14.1-3   图 14.1-4

图 14.1-3 提示词

A woman dressed in Chinese traditional red clothing standing in the snow, exquisite ancient Chinese hair bun, medium shot, 35mm lens, ultra-high resolution, --ar 5：3 --v 5.2

图 14.1-4 提示词

Knee shot, photo of a cute Chinese girl, pure and delicate face, summer, the background is the sea and the beach, high definition, rich texture, highlight performance, 8K, --ar 3：4 --v 5.2

（2）景物摄影

景物摄影是指选取自然景象为对象的摄影形式，用不同的机位、不同的效果拍摄到各种景象的不同景别。常见的景别效果包括无人机拍摄、广角镜头、散景效果、微距摄影等，如图 14.1-5 ~ 图 14.1-8 所示。

图 14.1-5   图 14.1-6

图 14.1-5 提示词

A small island with a blue water in the ocean, aerial view, drone overhead shooting, 32K, --ar 16：9 --v 5.2

图 14.1-6 提示词

A wooden bridge is walking along the autumn maple leaves covered road, realistic blue skies, strong light effect, ultra wide shot, extreme angle, 32K, --ar 16：9 --v 5.2

图 14.1-7   图 14.1-8

图 14.1-7   提示词

Bokeh effect, a street Christmas tree, dark amber and gold, winter night, faint spot of light, shot on 18mm,f / 5.6 , festive atmosphere, 8K, --ar 16 : 9 --v 5.2

图 14.1-8   提示词

Bubbles in the glass of water, miniature core, blurred background, extreme closeup view, exaggerated proportions, visually striking, realistic, 32K, --ar 16 : 9 --v 5.2

（3）特定主题摄影

特定主题摄影就是在某些特定的场合下，确定主题，以主题和场景为导向进行拍摄的摄影形式，如婚纱摄影、时尚杂志风格摄影、复古风摄影、中国风摄影等，如图 14.1-9 ~ 图 14.1-12 所示。

图 14.1-9   图 14.1-10

图 14.1-9   提示词

Wedding photos, a married couple, exquisite theatrical lighting, medium shot, photo by Canon 5DMAX Ⅲ , simple and elegant style, eye-catching, glittery, dreamy, essence of the moment, uhd image, --ar 2 : 3 --v 5.2

图 14.1-10   提示词

Fashion poster, mysterious backdrops, red and black, elegant clothing, graceful curves, soft focal points, close shot, poster art, shadowy drama, dramatic use of color, photograph by Annie Leibovitz, 32K quality uhd,--ar 3 : 5 --v 5.2

14

图 14.1-11　　　　　　　　　　　图 14.1-12

图 14.1-11　　提示词

A beautiful woman sitting in front of a mirror, wearing an Hepburn style skirt, 1950s, black and white, knee shot, contrasting light and dark tones, sharp focus, cinematic mood, vintage effect, art deco-inspired, classic style, romantic emotion, ––ar 2：3 ––v 5.2

图 14.1-12　　提示词

A young and beautiful girl, elegant red Hanfu clothing adds traditional Chinese charm, peaceful demeanor, natural lighting enhances, the natural and authentic feel of the photo, texture of the skin, the aperture ranges from f / 2.8– 4.5,––s 750 ––ar 2：3 ––v 5.2

2. 常见的摄影应用领域

摄影作品几乎无处不在，较多地应用于服装、食物、化妆品等商业领域。网购产品全部依托摄影作品展示效果，精美的作品会激发人们的购买欲。除了商业领域，还可以应用于数码产品、家居家纺、宠物、人像等多个领域。而无论是哪个领域，好的摄影作品都会起到非常好的作用。

3. 常用的摄影提示词

视角

A bird's-eye view, aerial view, big close-up, bokeh, bottom view, cinematic shot, close-up view, depth of field, detail shot, elevation perspective, extra long shot, extreme close-up view, face shot, first-person view, foreground, front view, side view, rear view, full length shot, head shot, high angle view, in focus, isometric view, knee shot, wide view, top view, panorama, fish eye lens, ultra wide shot, macro shot

鸟瞰视角，鸟瞰图，大特写，散景，底视图，电影镜头，特写镜头，景深，细节图，仰角图，超远景，特写图，面部特写，第一人称视角，前景，正视图，侧视图，后视图，全身图，头像照片，高角度图，对焦图，等距图，膝盖以上镜头，广角图，俯视图，全景图，鱼眼镜头，

超广角镜头，微距镜头

构图

Rule of thirds composition, symmetry, leading lines, isolation, contrast, center the composition, horizontal composition, symmetrical composition, diagonal composition, dynamic symmetry composition, converging lines composition, split complementary composition, portrait, busts, profile, golden ratio, framing, depth, S–shaped composition, asymmetrical composition

三分法构图，对称，分割线，感光度，对比度，居中构图，水平构图，对称构图，对角构图，动态对称构图，汇聚线条构图，分割互补构图，人像，半身像，侧面，黄金比例，取景，景深，S 形构图，不对称构图

光线

Back lighting, bisexual lighting, bright, cinematic lighting, dramatic lighting, clean background trending, cold light, crepuscular ray, fluorescent lighting, front lighting, global illuminations, hard lighting, high–contrast light, mood lighting, morning sunlight, neon cold lighting, neon light, rays of shimmering light, Rembrandt lighting, rim lights, soft lights, split lighting, top light, volumetric lighting, warm light, aperture

背光，双性照明，明亮，电影照明，戏剧照明，干净的背景，冷光，黄昏光线，荧光灯，正面照明，全局照明，硬照明，高对比度光，情绪照明，早晨日光，霓虹灯冷照明，霓虹灯，闪烁光线，伦勃朗照明，边缘灯，柔和灯，分体照明，顶部灯，体积照明，暖光，光圈

14.2　形象照

如果急需一张职场形象照，又临时找不到合适的场所或不方便出去拍，这时，Midjourney 的换脸功能可以提供很大的帮助。那么，具体要怎么操作呢？接下来一起看看以下案例吧。

1. 最终效果图和制作思路

最终效果图如图 14.2–1 所示，制作思路如图 14.2–2 ～图 14.2–4 所示。

图 14.2–1

图 14.2-2　　　　　　图 14.2-3　　　　　　图 14.2-4

制作思路

（1）将自己的照片导入 Midjourney。

（2）用 Midjourney 生成需要的形象照。

（3）用 Midjourney 的换脸功能得到属于自己的形象照。

2. 步骤详解

步骤①　在浏览器里打开 InsightFace 的授权链接，并给自己的服务器添加机器人，如图 14.2-5 和图 14.2-6 所示。

步骤②　在成功添加 InsightFace 机器人后，就可以上传自己的照片了。单击 Midjourney 对话框，输入"/"后选择 /saveid 命令，如图 14.2-7 所示。

图 14.2-5　　　　　　　图 14.2-6　　　　　　　图 14.2-7

步骤③　将自己的照片拖进虚线框，可以在 idname 框中给这张照片起个名字用于区分，如图 14.2-8 所示，但要注意控制在 10 个字符内。按 Enter 键发送命令后会显示该 ID 已创建，如图 14.2-9 所示。

图 14.2-8

图 14.2-9

步骤④ 单击 Midjourney 对话框，输入"/"后选择 /imagine 命令，在 prompt 框中输入需要的形象照的提示词，如图 14.2-10 所示。

图 14.2-10

提示词：Chinese professional female, executives, office professional suit, with confident smile, crossed arms, long hair, office background, studio light, bokeh, half body shot, photo by ZEISS, super details, 4K, best quality, --ar 3 : 4 --v 5.2

（中国职业女性，高管，办公室职业装，自信的微笑，双臂交叉，长发，办公室背景，工作室灯光，散景，半身拍摄，蔡司摄影，超细节，4K，最佳画质，出图比例 3 : 4，版本 v 5.2）

步骤⑤ 在生成的图像中选择自己想要的图像（U4），如图 14.2-11 所示。完成后的效果见图 14.2-3。

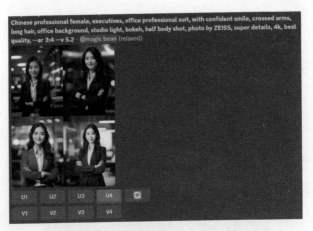

图 14.2-11

步骤⑥ 右击图像，在弹出的快捷菜单中选择 APP → INSwapper 命令，即可生成属于自己的形象照，如图 14.2-12 和图 14.2-13 所示。单击大图，选择用浏览器打开，在图像上右击，在弹出的快捷菜单中选择"保存图片"命令。完成后的效果见图 14.2-4。

图 14.2-12

图 14.2-13

3. 举一反三

制作思路

（1）将自己的照片导入 Midjourney，如图 14.2-14 所示。

（2）用 Midjourney 生成需要的艺术照，如图 14.2-15 所示。

（3）用 Midjourney 的换脸功能得到属于自己的艺术照，如图 14.2-16 所示。

图 14.2-14

图 14.2-15

图 14.2-16

作者心得

（1）为了达到更好的效果，在进行换脸时应上传高清的正脸照片，面部最好无遮挡物，如眼镜和厚重的刘海等。

（2）其他命令：

- /setid：用于设置身份名称。这个名称用来给 InsightFace 指定一个人脸的 ID。如果需要设置多个 ID，可以使用逗号分隔。
- /listid：用于列出所有已注册的身份名称。
- /delid：删除特定的身份名称。
- /delall：删除所有已注册的名称。

14.3 儿童摄影

如果大家想为家里的小朋友制作一张独一无二的艺术照，但又没有合适的地方可以拍摄，或者暂不确定小朋友适合什么样的风格，Midjourney 无疑是解决这一烦恼的最佳选择。接下来一起看看以下案例吧。

1. 最终效果图和制作思路

最终效果图如图 14.3-1 所示，制作思路如图 14.3-2 ~ 图 14.3-4 所示。

图 14.3-1

图 14.3-2　　　　　　　图 14.3-3　　　　　　　图 14.3-4

制作思路

（1）将小朋友的照片导入 Midjourney。
（2）用 Midjourney 生成需要的艺术照。
（3）用 Midjourney 的换脸功能得到属于小朋友的艺术照。

2. 步骤详解

步骤① 单击 Midjourney 对话框，输入"/"后选择 /saveid 命令，如图 14.3-5 所示。
步骤② 将小朋友的照片拖进虚线框，可以在 idname 框中给这张照片起个名字用于区分,如图14.3-6所示,但要注意控制在10个字符内。按Enter键发送命令后会显示该ID已创建,如图14.3-7所示。

图14.3-5   图14.3-6

图14.3-7

步骤③ 单击 Midjourney 对话框,输入"/"后选择 /imagine 命令,在 prompt 框中输入需要的艺术照的提示词,如图14.3-8所示。

图14.3-8

提示词: An 8-year-old Chinese girl dressed in Chinese traditional opera costumes, photographed indoors with bright and warm colors, half length photo, lighting effects, --ar 3:4 --v 5.2

(一个 8 岁的中国女孩,穿着中国传统戏曲服装,室内拍摄,色彩明亮温暖,半身照片,灯光效果,出图比例 3:4,版本 v 5.2)

步骤④ 在生成的图像中选择自己想要的图像(U4),如图14.3-9所示。完成后的效果见图14.3-3。

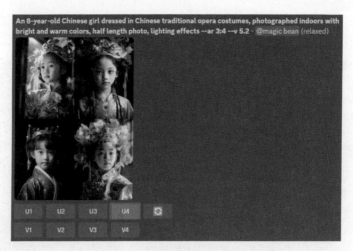

An 8-year-old Chinese girl dressed in Chinese traditional opera costumes, photographed indoors with bright and warm colors, half length photo, lighting effects --ar 3:4 --v 5.2 · @magic bean (relaxed)

图14.3-9

步骤5 右击图像，在弹出的快捷菜单中选择 APP → INSwapper 命令，即可生成属于小朋友的艺术照，如图 14.3-10 和图 14.3-11 所示。单击大图，选择用浏览器打开，在图像上右击，在弹出的快捷菜单中选择"保存图片"命令。完成后的效果见图 14.3-4。

图14.3-10

图14.3-11

3. 举一反三

制作思路

（1）将小朋友的照片导入 Midjourney，如图 14.3-12 所示。

（2）用 Midjourney 生成需要的艺术照，如图 14.3-13 所示。

（3）用 Midjourney 的换脸功能得到属于小朋友的艺术照，如图 14.3-14 所示。

图 14.3-12

图 14.3-13

图 14.3-14

作者心得

　　在用换脸功能时需要注意：如果原脸和被替换的脸之间面部特征差异过大，得到的最终效果就会不尽如人意。所以在选择生成的图像时需要考虑到这一点，可以选择和自己的脸型或五官最相似的图像。

14.4 产品摄影

　　当大家想为自己的产品拍摄一张完成度高、非常专业的照片，却又不知道如何进行合理的构图和打光时，Midjourney 生成的照片可以为大家提供充分的参考。那么，如何用 Midjourney 写提示词呢？接下来一起看看以下案例吧。

1. 最终效果图和制作思路

最终效果图如图 14.4-1 所示，制作思路如图 14.4-2 ～ 图 14.4-4 所示。

图 14.4-1

图 14.4-2

图 14.4-3

图 14.4-4

14

制作思路

（1）用 Midjourney 生成产品摄影图。

（2）对自己的产品摄影图进行抠图处理。

（3）将产品摄影图与场景图进行融合处理。

2. 步骤详解

步骤① 单击 Midjourney 对话框，输入"/"后选择 /imagine 命令，在 prompt 框中输入产品摄影图提示词，如图 14.4-5 所示。

图 14.4-5

提示词：Luxury brand bags, embellish with flowers, blue sky in the background, high-end atmosphere, simple luxury, bright scene, product photography, advertising photos, realistic, 8K, --ar 3：4 --v 5.2

（奢侈品牌包，用鲜花点缀，以蓝天为背景，高端大气，简约奢华，场景明快，产品摄影，广告照片，逼真，8K，出图比例3：4，版本 v 5.2）

步骤② 在生成的图像中选择自己想要的图像（U2），如图 14.4-6 所示。单击大图，选择用浏览器打开，在图像上右击，在弹出的快捷菜单中选择"保存图片"命令。完成后的效果见图 14.4-2 所示。

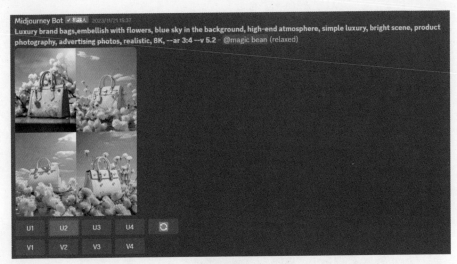

图 14.4-6

步骤③ 将图像置入 Photoshop，用钢笔工具将包的轮廓勾画出来，如图 14.4-7 所示，然后按快捷键 Ctrl+Shift+Enter 建立选区，然后利用工具属性栏中的"内容识别"与"填充"功能，得到一个干净的场景图，如图 14.4-8 所示。

图14.4-7　　　　　　　　　　　　　　图14.4-8

步骤④ 对自己的产品摄影图进行抠图处理，见图 14.4-3，将其放入干净的背景，如图 14.4-9 所示。然后利用剪贴蒙版制作出前后的遮挡关系，如图 14.4-10 所示。最后给包加上阴影，如图 14.4-11 所示，一张产品图就完成了，见图 14.4-4。

图14.4-10

图14.4-9　　　　　　　　　　　　　　图14.4-11

3. 举一反三

制作思路

（1）用 Midjourney 生成产品摄影图，如图 14.4-12 所示。

（2）对自己的产品摄影图进行抠图处理，如图 14.4-13 所示。

（3）将产品摄影图与场景图进行融合处理，如图 14.4-14 所示。

| 图14.4-12 | 图14.4-13 | 图14.4-14 |

作者心得

　　对于利用 Midjourney 绘制的产品摄影图，大家可以用作拍摄的参考，也可以直接作为产品背景图。在上传产品展示图时选择背景干净的图像，一键抠除原背景后选择需要的背景图，即可快速生成自己的产品展示图。

14.5 制作动态模糊效果

　　在摄影效果中，动态模糊能够为作品增添起伏感，使画面动中有静、静中有动，让作品充满鲜活的神韵，带来情感冲击，给观者留下深刻的印象。若想借鉴类似的风格效果，可以利用 Midjourney 迅速生成想要的图像。那么，如何把控相应的提示词呢？接下来一起看看以下案例吧。

1. 最终效果图和制作思路

　　最终效果图如图 14.5-1 所示，制作思路如图 14.5-2 和图 14.5-3 所示。

图14.5-2

图14.5-1 　　　　　　　　　　　　　　　　　图14.5-3

制作思路

（1）用 Midjourney 生成一张人物摄影图。

（2）对人物摄影图进行调色处理。

2. 步骤详解

步骤①　单击 Midjourney 对话框，输入"/"后选择 /imagine 命令，在 prompt 框中输入人物摄影图提示词，如图 14.5-4 所示。

图14.5-4

　　提示词：A girl is running, long wavy hair, side profile, 1990s, hurried, anxious, disoriented, running, city streets at night, in Hong Kong, China, shot on 35mm lens, face shot, mixed light, neon lights, slow shutter, motion blur, Wong Kar-wai style, photograph by Christopher Doyle, last century style, classic retro, matte, pictorial film, --ar 2∶3 --v 5.2

　　（一个女孩在奔跑，波浪长发，侧面轮廓，20 世纪 90 年代，匆忙，焦虑，迷失方向，跑步，夜晚的城市街道，在中国香港，35mm 镜头拍摄，脸部拍摄，混合光，霓虹灯，慢快门，运动模糊，王家卫风格，克里斯托弗·道尔拍摄，上世纪风格，经典复古，哑光，图案电影，出图比例 2∶3，版本 v 5.2）

步骤② 在生成的图像中选择自己想要的图像（U1），如图 14.5-5 所示。单击大图，选择用浏览器打开，在图像上右击，在弹出的快捷菜单中选择"保存图片"命令。完成后的效果见图 14.5-2。

图14.5-5

步骤③ 将图像置入 Photoshop，选择"滤镜"→"Camera raw 滤镜"命令，对导入的图像进行处理，如图 14.5-6 所示。

图14.5-6

步骤④ 观察图像，可以发现画面整体颜色偏暖，如果需要一张偏冷色调的图像，可以自行调整色温。在调整完成后，还可以增加一些颗粒和晕影，营造出一种胶片感。具体参数设置如图 14.5-7 和图 14.5-8 所示。

图 14.5-7 图 14.5-8

步骤⑤ 单击视图，可以直观地看到原图与效果图的区别。编辑好图像后单击"确定"按钮，如图 14.5-9 和图 14.5-10 所示。完成后的效果见图 14.5-3。

图 14.5-9 图 14.5-10

3. 举一反三

制作思路

（1）用 Midjourney 生成一张人物摄影图，如图 14.5-11 所示。
（2）对人物摄影图进行调色处理，如图 14.5-12 所示。

图 14.5-11 图 14.5-12

　　在确定整体风格后，如果觉得最后呈现的效果还是不够理想，可以多添加一些想要呈现的细节短语，如拍摄视角的前后高低、模特的面部要求、背景的色调等。描述得越精细，生成的效果图越能贴合自己设想的样子。

14.6　制作色彩焦点效果

　　人的肉眼更容易被对比强烈、饱和艳丽的颜色吸引，然后才会注意到同一画面中对比度较弱的颜色。因此，在摄影作品中，提高画面内视觉焦点的明度、饱和度，可以提升信息的获取层级。如果想借鉴类似的风格效果，可以利用 Midjourney 迅速生成想要的效果图。那么，如何把控相应的提示词呢？接下来一起看看以下案例吧。

1. 最终效果图和制作思路

　　最终效果图如图 14.6-1 所示，制作思路如图 14.6-2 和图 14.6-3 所示。

图 14.6-1

图 14.6-2

图 14.6-3

制作思路

（1）用 Midjourney 生成一张树叶摄影图。
（2）对树叶摄影图进行调色处理。

2. 步骤详解

　　步骤①　单击 Midjourney 对话框，输入 "/" 后选择 /imagine 命令，在 prompt 框中输入树叶摄影图提示词，如图 14.6-4 所示。

图 14.6-4

提示词: An autumn leaves lay down on cement in a shadow, complete, beautiful leaf, diagonal composition, low exposure, strong contrast of light and shadow, focusing on the leaf, juxtaposition of light and shadow, chiaroscuro, color focus style, raw street photography, matte photo, uhd image, ——ar 3∶2 ——v 5.2

（水泥地上一片带有影子的秋叶，完整，美丽的叶子，对角构图，低曝光，强烈的光影对比，聚焦在叶子上，光影并置，明暗对比，色彩聚焦风格，原始街拍，哑光照片，超高清图像，出图比例 3∶2，版本 v 5.2）

步骤② 在生成的图像中选择自己想要的图像（U4），如图 14.6-5 所示。单击大图，选择用浏览器打开，在图像上右击，在弹出的快捷菜单中选择"保存图片"命令。完成后的效果见图 14.6-2。

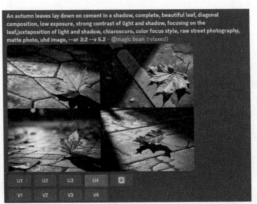

图 14.6-5

步骤③ 将 Midjourney 生成的图像置入 Photoshop，按快捷键 Ctrl+J 复制图层，在菜单栏中选择"滤镜"→"镜头校正"命令，打开如图 14.6-6 所示的对话框。例如，想要一张对角线构图的图像，可以找到拉直工具，并拖动鼠标，直到将图像校正到满意的角度，如图 14.6-7 所示。

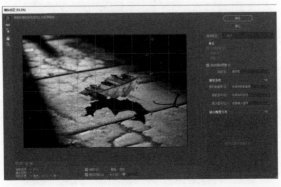

图 14.6-6

图 14.6-7

步骤④ 观察图像后，可以发现图像的阴影部分较黑，和预期效果不符。选择"滤镜"→"Camera raw 滤镜"命令，在弹出的窗口中对图像进行处理。具体参数设置如图 14.6-8 ~ 图 14.6-10 所示。

图 14.6-8

图 14.6-9

图 14.6-10

步骤⑤ 单击视图，可以直观地看到原图与效果图的区别，如图 14.6-11 所示。编辑好图像后单击"确定"按钮。完成后的效果见图 14.6-3。

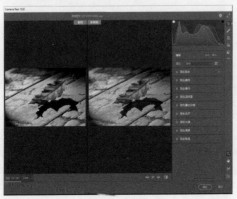

图 14.6-11

3. 举一反三

制作思路

（1）用 Midjourney 生成一张花朵摄影图，如图 14.6-12 所示。

（2）对花朵摄影图进行调色处理，如图 14.6-13 所示。

图 14.6-12

图 14.6-13

作者心得

　　虽然本案例中的摄影图侧重于色调的处理，但同样不能忽略构图的重要性。提示词中着重强调了主体的数量，来聚焦画面的重心。如果画面中的不同位置出现了多个主体，视线的重点仍然会被分散。只有将色彩和构图相结合，才能创造出符合人们设想的效果。

✎ 读书笔记

第15章

包装设计在品牌构建中扮演着重要的角色，根据产品的特性，通过一定的文字、图案、色彩设计等，对品牌或产品可以起到美化和宣传的作用；装帧设计包含版面、插图，以及材料、印刷、装订等各个环节的艺术设计。本章将讲解如何用 Midjourney 进行包装及装帧设计。

包装及装帧设计

Packaging and Bookbinding Design

15.1 包装及装帧设计的基础知识

包装设计需要准确传达产品的特点和功能，使消费者能够快速了解产品的用途和特性。在包装结构上，需要将平面造型与立体造型相结合，来重构包装各部分的结构，使之具有自由、松散、模糊、突变、运动等反常规的结构设计特征，从而形成一种全新的视觉效果。

而装帧设计是一门关于书本外观设计的艺术与科学，旨在创造出视觉上吸引人且易于阅读的书本外观，同时确保内容的有序呈现，以提升读者的阅读体验和书籍的吸引力。书籍装帧既要满足美学和创意的需求，又要考虑实用性和印刷技术，以创造出高质量、有品位的书籍。

1. 常见的包装分类

包装分类有很多种，根据内容简单介绍以下几种。

（1）食品包装

食品包装是食物商品的重要组成部分。食品包装可以使食品在从离开工厂到消费者手中的流通过程中，防止各种外来因素的损害，从而使食品保持自身的稳定质量、方便食用。但如今，食品包装不仅要起到保护食品的作用，还需要吸引消费者的眼球，因此需要有吸引人的外观设计，如图 15.1–1 和图 15.1–2 所示。

图 15.1–1   图 15.1–2

图 15.1–1　**提示词**

2 square ramen boxes, --niji 5

图 15.1–2　**提示词**

2 square ramen boxes product display with clean background, --niji 5

（2）洗护类产品包装

洗护类产品包装设计一定要和产品高度贴合，要结合产品的核心价值，对颜色、图案、形状、材质等作出选择，进行多元素的完美搭配，这样才能最大化地凸显商品价值，吸引消费者，提高购买率，如图 15.1–3 和图 15.1–4 所示。

图 15.1-3　　　　　　　　　　图 15.1-4

图 15.1-3　提示词

An open box of an eliquid box, in the style of afro-colombian themes, graphic contours, sustainable design, camera lucida, use of earth tones, --s 250 --niji 5

图 15.1-4　提示词

An art label with this lotion, in the style of colorful washes, minimalism, dark brown and orange, dreamlike figures, colourful mosaics, --s 250 --v 5.2

（3）瓶装类包装

好的瓶装类包装设计不仅要考虑实用性、经济性和可变性，还要提高设计感。瓶装类包装设计的理念是运用美学原则，通过形态、色彩等因素的变化，将功能与容器造型相结合，以视觉形式表现出来，如图 15.1-5 和图 15.1-6 所示。

图 15.1-5　　　　　　　　　　图 15.1-6

图 15.1-5　提示词

Perfume bottle packaging and sleeve box packaging, --v 5.2

图 15.1-6　提示词

Wine packaging design, a small number of scenes, simple, --niji 5

（4）易拉罐类包装

易拉罐是饮料、啤酒包装常采用的形式。而如今易拉罐类包装设计越来越多元化，不再遵循单一的颜色，而是通过插画设计等多种样式打造出良好的视觉效果，给人趣味感的同时，也引起了人们的好奇心和购买欲，如图15.1-7和图15.1-8所示。

图15.1-7   图15.1-8

图 15.1-7   **提示词**

The packaging design of the can, sparkling water, youthfulness, colorful color, --v 5.2

图 15.1-8   **提示词**

Beer cans are designed for packaging, with a chilling feeling and a blue color, --v 5.2

（5）PP袋包装

PP袋这种包装设计主要用聚丙烯材质制作而成，采用的制作工艺主要有彩印和胶印，使用的颜色较鲜艳。PP袋属于热塑性的袋子，具有很好的拉伸性，如图15.1-9和图15.1-10所示。

图15.1-9   图15.1-10

图 15.1-9   **提示词**

Fresh fruit snack package design, bold block prints, light emerald and orange, China punk, youthful energy, dark pink and green, --s 250 --v 5.2

图 15.1-10　**提示词**

A Japanese instant noodles plastic pouch packaging design with Chibi mascot and color labels, production photo, vibrant colors, vivid colorful, cute, adorable, intricately-detailed, delicate, beautiful, stunning, breathtaking, intricate detail, insanely high detail, volumetric lighting, white background, high details, --niji 5

（6）盒型包装

在日常生活中，盒型包装出现的频率最高。盒型包装材质轻，便于大规模生产和回收，有利于环保且易于加工，并且可与其他材料复合使用，因此广泛应用于烟酒、食品、化妆品、服装、医药品、电器产品、工艺品包装等领域，如图 15.1-11 和图 15.1-12 所示。

图 15.1-11

图 15.1-12

图 15.1-11　**提示词**

One tea package, 3 boxes, illustration-based, --niji 5

图 15.1-12　**提示词**

One tea package, 4 boxes, graphic patterns are the mainstay, --niji 5

2. 常见的装帧设计

装帧设计包含的内容较多，接下来简单介绍以下几种。

（1）画册设计

好的画册设计通常从 4 点出发：结构、内容、版式和细节。其中，版式是一本画册最重要的地方；其次是细节，细节的处理决定了画册的精细度，如图 15.1-13 和图 15.1-14 所示。

图 15.1-13

图 15.1-14

图 15.1-13/ 图 15.1-14　提示词

A book, illustration album, picture albums, picture book production, book binding design, clean background, HD, --v 5.2

（2）折页宣传本设计

折页宣传本是一种以传媒为基础的纸质宣传流动广告，使用折页的形式能将内容更清晰且全面地展现出来。折页封面（包括封底）要抓住商品的特点，以定位的形式、艺术的表现来吸引消费者；而内页的设计则要详细地反映宣传的内容，并且做到图文并茂，如图 15.1-15 和图 15.1-16 所示。

图 15.1-15

图 15.1-16

图 15.1-15/ 图 15.1-16　提示词

Brochure design, folding, pamphlet, HD, --v 5.2

（3）书脊设计

书脊是指连接书刊封面、封底的部分。书刊在书脊上印有书名、标志和其他信息。除了字号大小根据需要有变化，字体和色彩应该与封面、封底保持一致。图案、图片和符号要简洁、清晰，如图 15.1-17 和图 15.1-18 所示。

图15.1-17   15.1-18

图 15.1-17/ 图 15.1-18   提示词

Book spine design, solid background, HD, --v 5.2

3. 常用的包装及装帧设计提示词

包装设计

Product display, bottle packaging, the packaging design of the can, package design, gift box design, carton design, kraft paper, cylinder, angullar, plastic, matte texture, pearlluster texture, silk texture, leather texture, fuffy texture, metallic, velvet, paint texture, ceramic texture, cotton texture

产品陈列，瓶子包装，易拉罐的包装设计，包装设计，礼盒设计，纸箱设计，牛皮纸，圆筒形，多棱角的，塑料，哑光质感，珠光质感，丝绸质感，皮革质感，毛绒质感，金属质感，丝绒质感，油漆质感，陶瓷质感，棉花质感

装帧设计

Book binding design, book spine design, magazine cover, picture book production, the feeling of sackcloth, hard cover, cut-out cover, bronzing process, thread-bound book, a pop up book, product specification design, brochure design, folding, pamphlet, photo album, envelope design, dictionary design

图书装帧设计，图书书脊设计，杂志封面，画册制作，粗布，硬壳封面，镂空封面，烫金工艺，线装本，立体书，产品说明书设计，宣传册设计，折页，小册子，相册，信封设计，词典设计

常见风格

Pixar style, abstract, the feeling of sackcloth, watercolor style, sense of art, Chinese style, ink style painting, retro tone, simple style, minimalism, flat style, printed design, Cyberpunk style

皮克斯风格，抽象，粗布感，水彩风格，艺术感，中式风格，水墨画，复古风，简约风，极简主义，扁平风格，印花设计，赛博朋克风格

15.2 制作插画风格包装图

产品包装的外观可以是非常抽象或艺术化的插图，这样可以在短时间内吸引人们的眼球。而插画的设计结合包装文字排版可以给消费者带来更多的新鲜感，激发人们的购买欲望。那么，如何用 Midjourney 写提示词呢？接下来一起看看以下案例吧。

1. 最终效果图和制作思路

最终效果图如图 15.2-1 所示，制作思路如图 15.2-2 ~ 图 15.2-4 所示。

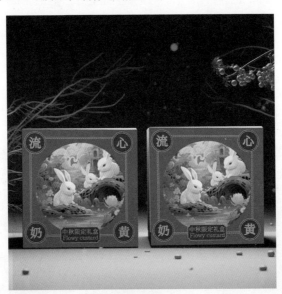

图 15.2-1

图 15.2-2

图 15.2-3

图 15.2-4

制作思路

（1）用 Midjourney 生成包装图。

（2）用 Illustrator 制作包装平面图。

（3）制作包装的效果展示图。

2.步骤详解

步骤① 事先构思好包装形式和主题。单击 Midjourney 对话框，输入"/"后选择 /imagine 命令，在 prompt 框中输入相应的提示词，如图 15.2-5 所示。

图 15.2-5

提示词：Cute rabbits, auspicious clouds, behind a huge moon, lotus flowers floating on water, warm colors, abstract landscapes surrealism, Pixar style, chinoiserie, --niji 5

（可爱的兔子，吉祥的云彩，后面有个巨大的月亮，漂浮在水面上的莲花，暖色调，超现实主义抽象风景，皮克斯风格，中国风，版本 niji 5）

步骤② 在生成的图像中选择自己想要的图像（U4），如图 15.2-6 所示。单击大图，选择用浏览器打开，在图像上右击，在弹出的快捷菜单中选择"保存图片"命令。完成后的效果见图 15.2-2。

图 15.2-6

步骤③ 观察 Midjourney 生成的效果图，发现插画占满整个版面，整体观感显得很冗杂，所以可以在聚焦重点的同时留出文字的位置。打开 Illustrator 软件，选择矩形工具，画出设想包装的版面尺寸图，如图 15.2-7 所示。

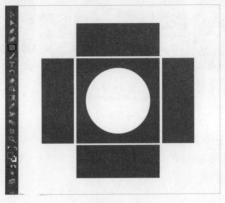

图 15.2-7

步骤④ 在包装上加上文案和装饰线条，如图 15.2-8 所示，需要注意文字的疏密和美观度，如图 15.2-9 所示。完成后的效果见图 15.2-3。

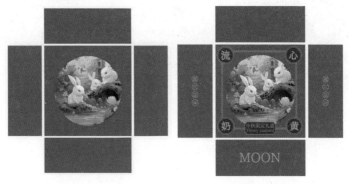

图 15.2-8　　　　　　　　　图 15.2-9

步骤⑤ 生成一张月饼盒包装效果图，如图 15.2-10 所示，将自己的平面图放上去，如图 15.2-11 所示。完成后的效果见图 15.2-4。

> 提 示 词：Renderings of moon cake packaging, real moon cake box, square box, scene with osmanthus, moon cakes, --niji 5
>
> （月饼盒包装效果图，真月饼盒，方盒，桂花场景，月饼，版本 niji 5）

图 15.2-10　　　　　　　　　图 15.2-11

3. 举一反三

制作思路

（1）用 Midjourney 生成包装图，如图 15.2-12 所示。

（2）用 Illustrator 制作标签，如图 15.2-13 所示。

（3）将标签置入生成的包装图，得到最终效果图，如图 15.2-14 所示。

图15.2-12   图15.2-13   图15.2-14

作者心得   • • •

    插画的风格有很多种，如写实风格、版画效果、扁平风格等，在制作包装图时，需要结合自己的产品特征确定插画风格，并根据需求准确地将风格描述出来。

15.3 制作产品包装图

    将产品摄影图直接作为包装可以增强消费者对产品的认知，让消费者直接了解产品，能够进行明确的视觉信息传递，调动大众直观的视觉经验，令人一目了然，从而突出产品的真实感。那么，如何用 Midjourney 写提示词呢？接下来一起看看以下案例吧。

1. 最终效果图和制作思路

    最终效果图如图 15.3-1 所示，制作思路如图 15.3-2 ~ 图 15.3-4 所示。

图15.3-1

图15.3-2   图15.3-3   图15.3-4

制作思路

（1）用 Midjourney 生成产品包装图。

（2）用 Illustrator 制作包装平面图。

（3）制作包装的效果展示图。

2. 步骤详解

步骤①　确认主题，单击 Midjourney 对话框，输入"/"后选择 /imagine 命令，在 prompt 框中输入提示词，如图 15.3-5 所示。

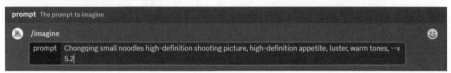

图 15.3-5

提示词：Chongqing small noodles high-definition shooting picture, high-definition appetite, luster, warm tones, --v 5.2

（重庆小面高清拍摄画面，高清食欲，光泽，暖色调，版本 v 5.2）

步骤②　在生成的图像中选择自己想要的图像（U3），如图 15.3-6 所示。单击大图，选择用浏览器打开，在图像上右击，在弹出的快捷菜单中选择"保存图片"命令，如图 15.3-7 所示。打开 Photoshop 进行抠图处理，将面条抠出来，为后续进一步加工做准备，如图 15.3-8 所示。

图 15.3-6

图 15.3-7　　　　　　　　　　图 15.3-8

步骤③　根据包装的尺寸大小绘制一个色块，如图 15.3-9 所示，确认好包装的文案内容并进行文字排版，如图 15.3-10 所示。

图 15.3-9　　　　　　　　　　图 15.3-10

步骤④　根据面条的形状，用钢笔工具画一个碗，如图 15.3-11 所示，并加上事先抠出来的面条，再配上一些类似蒸汽的符合图像内容的装饰即可，如图 15.3-12 所示。完成后的效果见图 15.3-3。

图 15.3-11　　　　　　　　　　图 15.3-12

步骤⑤　将制作好的平面图贴入效果样机中得到产品效果图，见图 15.3-4。

3. 举一反三

制作思路

（1）用 Midjourney 生成白底产品图，再拖入 Photoshop 进行抠图处理，如图 15.3-13 所示。

（2）根据盒型大小，制作出版面效果，如图 15.3-14 所示。

（3）加上产品图，如图 15.3-15 所示。

图 15.3-13　　　　　　　　图 15.3-14　　　　　　　　图 15.3-15

作者心得 • • •

通过 Midjourney 生成的产品图一定要高清、能刺激人的食欲，并找到合适的角度和构图，这样生成的图像才能色泽清晰，使食物美味感更强。在生成图像时可以加上这样的提示词：clean background（干净的背景）、bright（明亮）等。

15.4 制作抽象肌理包装图

在产品的包装设计上，可以通过对自然的肌理进行视觉上的重复，如选择不同的颜色、质地，并进行一定的纹理编排，这样可以让消费者产生丰富的联想，不仅让他们感觉到产品本身，同时还传递了一些情绪。这样可以让消费者更加喜欢这款产品，也会让产品更具有吸引力。那么，如何用 Midjourney 写提示词呢？接下来一起看看以下案例吧。

1. 最终效果图和制作思路

最终效果图如图 15.4-1 所示，制作思路如图 15.4-2 ~ 图 15.4-4 所示。

图 15.4-1

图 15.4-2

图 15.4-3

图 15.4-4

制作思路

（1）用 Midjourney 生成包装图。

（2）用 Illustrator 制作包装平面图。

（3）制作包装的效果展示图。

2. 步骤详解

步骤① 确定包装的主题为香水包装，在用 Midjourney 生成图片时需要注意图片的颜色和内容是否符合主题。单击 Midjourney 对话框，输入"/"后选择 /imagine 命令，在 prompt 框中输入提示词，如图 15.4-5 所示。

图 15.4-5

提示词 : Dreamy texture painting, abstract, Morandi color, fluidity, noise, ––v 5.2

（梦幻般有质感的绘画，抽象，莫兰迪色彩，流动性，噪点，版本 v 5.2）

步骤② 在生成的图像中选择自己想要的图像（U3、U4），如图 15.4-6 所示。单击大图，选择用浏览器打开，在图像上右击，在弹出的快捷菜单中选择"保存图片"命令。完成后的效果见图 15.4-2。

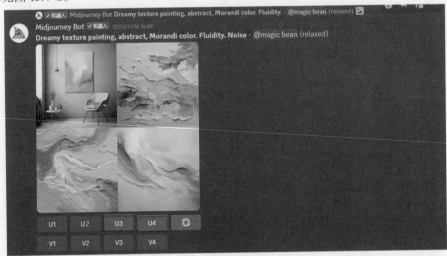

图 15.4-6

步骤③ 将 Midjourney 生成的图像导入 Photoshop，截取局部作为包装上的图案，再根据图像的颜色为整个盒型增加颜色，如图 15.4-7 所示。

步骤④ 根据自身需求进行文字的排版，因为包装要呈现高级的感觉，所以文字不能排得太拥挤，需要有呼吸感，如图 15.4-8 所示。

步骤⑤ 导入样机图。在右侧的"图层"面板中找到样机图层，双击该图层，如图 15.4-9 所示。在弹出的窗口中选择"文件"→"置入嵌入对象"命令，导入制作的平面图，如图 15.4-10 所示。根据样机图大小调整插图，完成后按快捷键 Ctrl+S，保存最终效果图。完成后的效果见图 15.4-4。

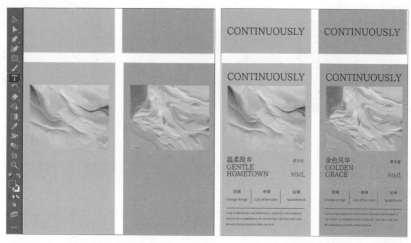

图 15.4-7　　　　　　　　　　　　　　　　图 15.4-8

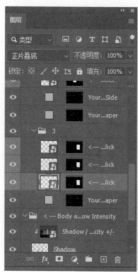

图 15.4-9　　　　　　　　　　　图 15.4-10

3. 举一反三

制作思路

（1）根据品牌调性，用 Midjourney 生成相应的包装图，如图 15.4-11 所示。

（2）将图像复制重新排列后，加上色块，如图 15.4-12 所示。

（3）根据自身要求加上文案信息，如图 15.4-13 所示。

图 15.4-11

图 15.4-12

图 15.4-13

作者心得

    有时 Midjourney 生成的图像并不能直接使用，需要用户根据自身要求重新调色和重构。

15.5 制作矿泉水包装

    除了纸质类的包装设计，瓶装类包装设计同样是包装设计的重要组成部分。一个好的瓶装类包装设计不仅需要考虑到实用性、经济性和可变性，还需要考虑到审美性。那么，该如何用 Midjourney 写提示词呢？接下来一起看看以下案例吧。

1. 最终效果图和制作思路

最终效果图如图 15.5-1 所示，制作思路如图 15.5-2 ~ 图 15.5-4 所示。

图 15.5-1

图15.5-2　　　　　　　图15.5-3　　　　　　　图15.5-4

制作思路

（1）用 Midjourney 生成包装图。

（2）用 Illustrator 制作包装平面图。

（3）制作包装的效果展示图。

2. 步骤详解

步骤①　单击 Midjourney 对话框，输入"/"后选择 /imagine 命令，在 prompt 框中输入提示词，如图 15.5-5 所示。

图15.5-5

提示词：Chalkboard illustration, sika deer, vibrant woodland creatures, bioluminescent flowers, high quality, --style expressive --niji 5

（黑板插图，梅花鹿，充满活力的林地生物，生物发光的花朵，高品质，风格表现力，版本 niji 5）

步骤②　在生成的图像中选择自己想要的图像（U4），如图 15.5-6 所示。此时可以发现图像画质不够高清，这时可以单击下方的 Upscale(2x) 按钮，如图 15.5-7 所示，将图像细节放大。单击大图，选择用浏览器打开，在图像上右击，在弹出的快捷菜单中选择"保存图片"命令。完成后的效果见图 15.5-2。

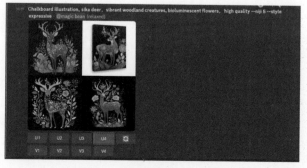

图15.5-6

图 15.5-7

步骤③ 将 Midjourney 生成的图像置入 Photoshop，进行抠图处理，如图 15.5-8 所示，完成后将图像保存为 PNG 格式。

图 15.5-8

步骤④ 将刚保存的 PNG 格式的图像置入 Illustrator 的画板中，对准备好的文字进行排版，并根据画面加上合适的装饰元素，如图 15.5-9 和图 15.5-10 所示。完成后的效果见图 15.5-3。

图 15.5-9

图 15.5-10

步骤⑤ 单击 Midjourney 对话框，输入"/"后选择 /imagine 命令，在 prompt 框中输入提示词，如图 15.5-11 所示。

图 15.5-11

提 示 词：Mineral water scene picture, natural clean, slender bottle, beautiful, clean bottle, natural bright light, --v 5.2

（矿泉水场景画面，自然干净，瓶身细长，瓶身美观，瓶身干净，光线自然明亮，版本 v 5.2）

步骤⑥ 在生成的图像中选择自己想要的图像（U2），如图 15.5-12 所示。单击大图，选择用浏览器打开，在图像上右击，在弹出的快捷菜单中选择"保存图片"命令。

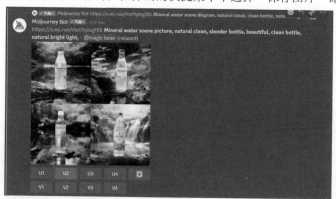

图 15.5-12

步骤⑦ 将 Midjourney 生成的图像置入 Photoshop，按快捷键 Ctrl+J 复制图层，选择修补工具，框选出要修补的地方，进行修补处理。多次操作后得到一个干净的瓶身，如图 15.5-13 ~ 图 15.5-15 所示。

图 15.5-13

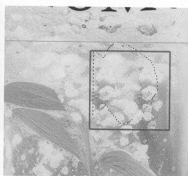

图 15.5-14

图 15.5-15

步骤⑧ 导入步骤④中制作好的标签，放置在瓶身上的合适位置。按快捷键 Ctrl+T 对图像进行变形处理，让标签符合瓶身的透视，如图 15.5-16 和图 15.5-17 所示。完成后的效果见图 15.5-4。

图15.5-16

图15.5-17

3. 举一反三

制作思路

（1）用 Midjourney 生成包装图，如图 15.5-18 所示。

（2）用 Illustrator 制作包装平面图，如图 15.5-19 所示。

（3）制作包装的效果展示图，如图 15.5-20 所示。

图15.5-18

图15.5-19

图15.5-20

作者心得 • • •

　　在用 Midjourney 生成包装图时，要先确定产品设计图想要呈现的视觉效果，如想要传递给受众怎样的感受，从而把控提示词，如 energy（活力）、quiet（安静）、joy（欢乐）等，不同的提示词呈现出的画面效果是不一样的，而这有助于整体风格的把握与塑造。

15.6 制作图画书封面图

　　图画书的封面设计要简单，不要过分复杂，应该清晰、有主题性和有趣。那么，如何用 Midjourney 写提示词呢？接下来一起看看以下案例吧。

1.最终效果图和制作思路

最终效果图如图 15.6–1 所示，制作思路如图 15.6–2 ~ 图 15.6–4 所示。

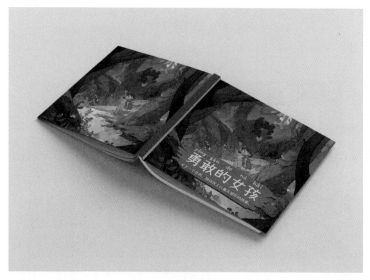

图 15.6–1

图 15.6–2　　　　　　图 15.6–3　　　　　　图 15.6–4

制作思路

（1）根据图书风格，用 Midjourney 生成封面图。
（2）制作标题文字。
（3）为做好的图书封面制作效果图。

2.步骤详解

步骤① 单击 Midjourney 对话框，输入"/"后选择 /imagine 命令，在 prompt 框中输入提示词，如图 15.6–5 所示。

```
prompt  The prompt to imagine

/imagine  prompt  Stories about traditional myths, kids illustrations, 2D illustration design, --style expressive --niji 5
```

图 15.6–5

提示词：Stories about traditional myths, kids illustrations, 2D illustration design, --style expressive --niji 5

（关于传统神话的故事，儿童插画，二维插画设计，风格表现力，版本 niji5）

步骤② 在生成的图像中选择自己想要的图像（U3），如图 15.6-6 所示。单击大图，选择用浏览器打开，在图像上右击，在弹出的快捷菜单中选择"保存图片"命令。完成后的效果见图 15.6-2。

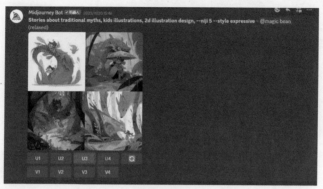

图15.6-6

步骤③ 将 Midjourney 生成的图像置入 Photoshop，进行进一步的加工处理。首先找到画笔工具，选择一个肌理感笔刷，制作一个白色剪影，如图 15.6-7 和图 15.6-8 所示。

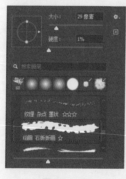

图15.6-7   图15.6-8

步骤④ 复制制作的剪影，然后往右下角移动一点，制作出厚度，如图 15.6-9 所示。然后用蒙版给白色剪影增加木纹肌理，如图 15.6-10 所示。

图15.6-9   图15.6-10

步骤⑤ 加上文字，如图 15.6-11 所示，双击文字图层，选择"斜面和浮雕"图层样式，具体参数设置如图 15.6-12 所示。完成后选择颜色叠加，给文字更改一个显眼的色彩。完成后的效果见图 15.6-3。

图 15.6-11

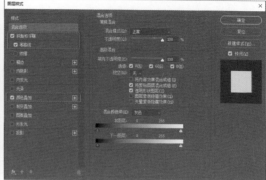

图 15.6-12

3. 举一反三

制作思路

（1）根据图书风格，用 Midjourney 生成封面图，如图 15.6-13 所示。

（2）制作标题文字，如图 15.6-14 所示。

（3）将制作好的文字与图像进行组合，如图 15.6-15 所示。

图 15.6-13

图 15.6-14

图 15.6-15

作者心得 • • •

在制作图画书封面时，首先应该明确图画书的主题，将主要的人物突出表现出来。明亮的色彩、清新的氛围也是图画书封面的重要部分。

第16章

DIY（Do It Yourself）是指自己动手制作。DIY 手作类产品不断推陈出新，衍生出了手办设计等相关产物。如今 Midjourney 的出现，简化了 DIY 及手办设计过程。本章将讲解如何用 Midjourney 进行 DIY 及手办设计。

DIY 及手办设计

DIY and Handcraft Design

16.1 DIY 及手办设计的基础知识

DIY 是指自己动手制作，可以是个人喜欢的手工制品、创新升级的家用产品等。DIY 产品从基础材料的选择、构造设计到制作步骤等方面，都需要掌握一定的技术和相关知识。

1. 常见的 DIY 及手办类型

DIY 的种类数不胜数，下面简单介绍具有代表性的几种。

（1）制作鼠标垫

大家可以利用 Midjourney 生成的插图制作不同款式的鼠标垫底图，非常方便和快捷，如图 16.1-1 ~ 图 16.1-4 所示。

图 16.1-1   图 16.1-2

图 16.1-2　提示词

Cute cartoon boy with dogs, full body, orange background, doodle in the style of Keith Haring, sharpie illustration, bold lines and solid colors, simple details, minimalist, --ar 3：2 --niji 5

图 16.1-3   图 16.1-4

图 16.1-4　提示词

Flat style, a person on a bike riding across the beach near clouds, in the style of Hayao Miyazaki, dan matutina, 32K quality uhd, Josef Kote, reflections, anime art, sky-blue and white, --ar 3：2 --niji 5

（2）制作徽章

大家也可以利用不同的插图制作金属徽章，这样可以缩短制作徽章前的绘图流程，如图 16.1–5 ~ 图 16.1–8 所示。

图 16.1–5   图 16.1–6

图 16.1–7   图 16.1–8

图 16.1–6   提示词

A Chinese girl in Hanfu, cute, round face, small eyes, pan head, chubby body, happy smile, Chinese style, Chibi, colorful, high detail, HD, ––s 400 ––niji 5

图 16.1–8   提示词

A cute samoyed, samoyed, illustration, hand–drawn, ––niji 5

（3）制作手提袋

手提袋上图像的定制同样可以用 Midjourney 来完成，选择自己喜欢的图案，在日常生活中也可以随时使用，如图 16.1–9 ~ 图 16.1–12 所示。

图 16.1–9   图 16.1–10

图16.1-11　　　　　　　　　　图16.1-12

图 16.1-10　提示词

Chinese girl holding a bird on a tree, in the style of exaggerated nobility, mythic–art nouveau, muted colorscape mastery, light yellow, flower and leaves fly in the sky, avian–themed, high resolution, Chinapunk, super detail, dynamic pose, gorgeous light and shadow, transparent, detailed decoration, detailed lines, 16K, ––ar 2:3 ––niji 5

图 16.1-12　提示词

Green tone, Chinese wash painting, Chinese style, warm color, swallow flying in the sky, grassland, early spring, 8K, ––ar 9:16 ––v 5.2

（4）制作手办

手办是指基于动漫、游戏等二次元文化的手工艺品，通常采用塑料、树脂等材料制成，如图 16.1–13 ~ 图 16.1–16 所示。手办的制作过程一般要经历模型设计、模具制作、注塑、打磨和上色等多个环节。

图16.1-13　　　　　　　　　　图16.1-14

图 16.1-13　提示词

Pop mart style blind box, C4D, octane render, ray tracing, clay material, an animated girl is holding an umbrella, in the style of meticulous design, hyper–detailed illustrations, sculpted, light pink and light purple, airbrush art, cute cartoonish designs, ––ar 2:3 ––niji 5

图 16.1–14 提示词

Pop mart style blind box, C4D, octane render, ray tracing, clay material, an animated girl wearing a woolen hat, carrying a bag, in the style of meticulous design, hyper–detailed illustrations, sculpted, light blue and light green, airbrush art, cute cartoonish designs, ––ar 2:3 ––niji 5

图 16.1–15   图 16.1–16

图 16.1–15 提示词

A model kit of a cute architecture, Lego bricks, isometric view, multidimensional shading, playful cartoons, small and exquisite design, hyper quality, ––v 5.2

图 16.1–16 提示词

Two kawaii baby whales small in shape, tail up, blue and white, miniature sculptures, glossy, put them on a white, soft cloth, animation stills, minimalist designs, HD, ––v 5.2

2. 常见的 DIY 及手办应用领域

DIY 设计不仅可以满足人们对手办的喜爱，在未来，DIY 将更加普及和多元化，不仅可以用来装饰家居、制作手工艺品，还可以用于生活和商业等多个方面。

3. 常用的 DIY 及手办提示词

DIY 插画

Handmade design, product view, realistic and hyper–detailed renderings, in the style of adorable toy sculptures, detailed embroidery textures, high–end texture, textured paint planes, fresh and elegant, soft polish, harmonious colors, full of childishness, made of cream glue

手工设计，产品视图，逼真和超详细的效果图，可爱的玩具雕塑风格，细致的刺绣纹理，高端质感，纹理油漆平面，清新优雅的，柔和抛光，和谐的配色，充满童趣，奶油胶制作

手办

A model kit, Lego bricks, PVC material, mechanical realism, metal material, with a circular base, clay material, wool felt material, pop mart, blind box style, miniature sculpture, resin material, precise craftsmanship, balloon material, OC render, dynamic color matching, exquisite character details

一个模型套件，乐高积木，PVC 材料，机械写实，金属材料，带圆形底座，黏土材料，羊毛毛毡材料，泡泡玛特风格，盲盒风格，微型雕塑，树脂材料，做工精细，气球材质，OC 渲染，动态配色，精致的人物细节

常见风格

Simplicity, master handwork, craftsman spirit, product view, cute style, Rococo style, retro style, modern design style, romantic pastoral style, dada-inspired constructions, detailed scientific subjects, noble and elegant style, British flavor, romanticism, adopting complex weaving style, ancient Chinese handicraft style, graffiti art, paper quilling art, mechanized abstraction

简约，大师手工，工匠精神，产品视图，可爱风格，洛可可风格，复古风格，现代设计风格，浪漫田园风格，达达风格的结构，详细的科学主题，高贵优雅的风格，英伦气息，浪漫主义，繁复的编织风格，中国古代手工艺风格，涂鸦艺术，衍纸艺术，机械化抽象

16.2 制作拼图

如果大家想制作一份属于自己的拼图，应该如何用 Midjourney 生成想要的图像呢？接下来一起看看以下案例吧。

1. 最终效果图和制作思路

最终效果图如图 16.2-1 所示，制作思路如图 16.2-2 ~ 图 16.2-4 所示。

图 16.2-1

图 16.2-2

图 16.2-3

图 16.2-4

制作思路

（1）用 Midjourney 生成拼图画面图。

（2）用 Photoshop 将图像置入样机。

（3）调整背景颜色。

2. 步骤详解

步骤① 单击 Midjourney 对话框，输入"/"后选择 /imagine 命令，在 prompt 框中输入提示词，如图 16.2-5 所示。

图 16.2-5

提示词：A man walks across the grass at night, looking for stars, in the style of anime art, childlike illustrations, light emerald and yellow, sparse backgrounds, calming, glistening, 8K, ——ar 16:9 ——v 5.2

（一个人走在夜晚的草地上，看星星，动画艺术风格，儿童插图，淡淡的翡翠绿和黄色，稀疏的背景，平静，闪闪发光，8K，出图比例 16∶9，版本 v 5.2）

步骤② 在生成的图像中选择自己想要的图像（U1），如图 16.2-6 所示。单击大图，选择用浏览器打开，在图像上右击，在弹出的快捷菜单中选择"保存图片"命令。完成后的效果见图 16.2-2。

图 16.2-6

步骤③ 打开 Photoshop，导入自己的样机图。在右侧的"图层"面板中找到样机图层，双击该图层。在弹出的界面中选择"文件"→"置入嵌入对象"命令，导入 Midjourney 生成的拼图画面图，如图 16.2-7 和图 16.2-8 所示。

图 16.2-7   图 16.2-8

步骤④ 根据样机大小调整拼图画面图，如图 16.2-9 所示，完成后按快捷键 Ctrl+S，在弹出的提示框中单击"置入"按钮，如图 16.2-10 所示。完成后的效果见图 16.2-3。

图 16.2-9   图 16.2-10

步骤⑤ 双击"背景"图层，根据需求添加"内阴影""内发光""颜色叠加"（可选择自己喜欢的颜色）等图层样式，如图 16.2-11 所示。完成后的效果见图 16.2-4。

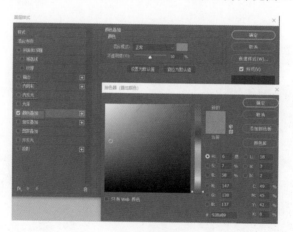

图 16.2-11

3. 举一反三

制作思路

（1）用 Midjourney 生成拼图画面图，如图 16.2-12 所示。

（2）用 Photoshop 将图像置入样机，如图 16.2-13 所示。

（3）调整背景颜色，如图 16.2-14 所示。

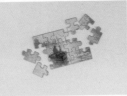

图16.2-12　　　　　　　图16.2-13　　　　　　　图16.2-14

作者心得　　　　　　　　　　　　　　　　　　　　　● ● ●

　　自然风景类型的拼图种类有很多，大家可以根据自己的设想更改提示词。除此之外，也可以生成想要的人物拼图，再添加想要在图中出现的元素。在用 Midjourney 出图时，要结合后期想要制作的拼图比例灵活调整生成的画面幅度。

16.3 制作折扇

　　如果大家想 DIY 一把属于自己的折扇，可以用 Midjourney 生成折扇上的图案。那么，应该如何写提示词，又如何用其他软件进行加工呢？接下来一起看看以下案例吧。

1. 最终效果图和制作思路

最终效果图如图 16.3-1 所示，制作思路如图 16.3-2 和图 16.3-3 所示。

图16.3-2

图16.3-1　　　　　　　　　　图16.3-3

制作思路

（1）用 Midjourney 生成折扇画面图。

（2）用 Photoshop 将图像置入样机。

2. 步骤详解

步骤① 单击 Midjourney 对话框，输入"/"后选择 /imagine 命令，在 prompt 框中输入提示词，如图 16.3-4 所示。

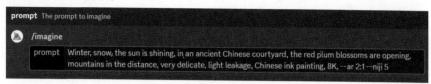

图 16.3-4

提示词：Winter, snow, the sun is shining, in an ancient Chinese courtyard, the red plum blossoms are opening, mountains in the distance, very delicate, light leakage, Chinese ink painting, 8K, --ar 2 : 1 --niji 5

（冬天，雪，阳光灿烂，在一个古老的中国庭院里，红色的梅花正在开放，远处的山，非常精致，漏光，中国水墨画，8K，出图比例 2 : 1，版本 niji 5）

步骤② 在生成的图像中选择自己想要的图像（U2），如图 16.3-5 所示。单击大图，选择用浏览器打开，在图像上右击，在弹出的快捷菜单中选择"保存图片"命令。完成后的效果见图 16.3-2。

图 16.3-5

步骤③ 打开 Photoshop，导入自己的样机图。在右侧的"图层"面板中找到样机图层，如图 16.3-6 所示，双击该图层。在弹出的界面中选择"文件"→"置入嵌入对象"命令，如图 16.3-7 所示，导入 Midjourney 生成的折扇画面图。

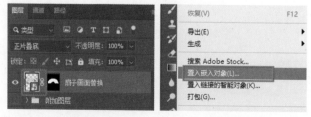

图 16.3-6   图 16.3-7

步骤④ 根据样机大小调整折扇画面图，如图 16.3-8 所示，完成后按快捷键 Ctrl+S，在弹出的提示框中单击"置入"按钮，如图 16.3-9 所示。

图 16.3-8 图 16.3-9

步骤⑤ 双击"背景"图层，根据需求添加"内阴影""内发光""颜色叠加"（可选择自己喜欢的颜色）等图层样式，如图 16.3-10 所示。完成后的效果见图 16.3-3。

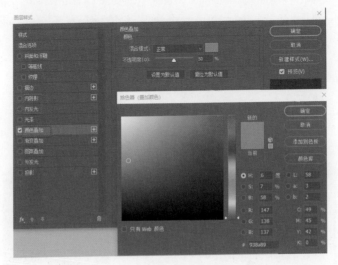

图 16.3-10

3. 举一反三

制作思路

（1）用 Midjourney 生成折扇画面图，如图 16.3-11 所示。

（2）用 Photoshop 将图像置入样机，如图 16.3-12 所示。

图 16.3-11 图 16.3-12

作者心得

●●●

在用 Midjourney 出图时，大家应根据具体要制作的产品来灵活调整画面比例。例如，本节要做的产品是折扇，应该将画幅调整为 2：1、3：2 等横幅尺寸，这样方便后续将图像置入样机。

16.4 制作钥匙扣

如果大家想要一个自己日常生活中常用的独一无二的钥匙扣，Midjourney 无疑是一个很好的出图工具，那么，应该如何写提示词，又如何进行后期加工呢？接下来一起看看以下案例吧。

1. 最终效果图和制作思路

最终效果图如图 16.4-1 所示，制作思路如图 16.4-2 和图 16.4-3 所示。

图 16.4-1

图 16.4-2

图 16.4-3

16

制作思路

（1）用 Midjourney 生成效果图。

（2）用 Photoshop 将图像置入样机。

2. 步骤详解

步骤① 单击 Midjourney 对话框，输入"/"后选择 /imagine 命令，在 prompt 框中输入提示词，如图 16.4-4 所示。

图 16.4-4

提示词：A portrait design, a cute cartoon girl with white hair holds a bear doll, with an exaggerated expression of laughter, clean background, doodle in the style of Keith Haring, bold lines and solid colors, sharpie illustration, center the composition, face shot, minimalist, --niji 5

（肖像设计，一个可爱的卡通女孩，白色头发，抱着玩具熊，笑得很开心，干净的背景，凯斯·哈林的涂鸦风格，大胆的线条和干净的色彩，锐利的插图，中心构图，面部特写，极简主义，版本 niji 5）

步骤② 在生成的图像中选择自己想要的图像（U2），如图 16.4-5 所示。单击大图，选择用浏览器打开，在图像上右击，在弹出的快捷菜单中选择"保存图片"命令。完成后的效果见图 16.4-2。

图 16.4-5

步骤③ 打开 Photoshop，导入自己的样机图。在右侧的"图层"面板中找到样机图层，如图 16.4-6 所示，双击该图层。在弹出的界面中选择"文件"→"置入嵌入对象"命令，如图 16.4-7 所示，导入 Midjourney 生成的效果图。

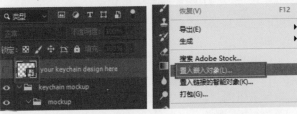

图 16.4-6   图 16.4-7

步骤④ 根据样机大小调整效果图，如图 16.4-8 所示，完成后按快捷键 Ctrl+S，在弹出的提示框中单击"置入"按钮，如图 16.4-9 所示。

图 16.4-8　　　　　　　　　　　　　　　图 16.4-9

步骤⑤ 双击"背景"图层，根据需求添加"内阴影""内发光""颜色叠加"（可选择自己喜欢的颜色）等图层样式，如图 16.4-10 所示。完成后的效果见图 16.4-3。

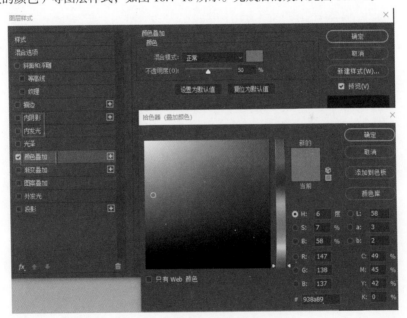

图 16.4-10

3. 举一反三

制作思路

（1）用 Midjourney 生成效果图，如图 16.4-11 所示。

（2）用 Photoshop 将图像置入样机，如图 16.4-12 所示。

图16.4-11

图16.4-12

作者心得

用 Midjourney 出图的提示词可以是一个一个的短词，也可以是一个完整的句子。在平时的操作中，可以根据具体情况交叉使用，从而更好地把控出图的精准度。

16.5 制作泡泡玛特风格手办

手办的制作过程通常需要经过模型设计、模具制作、注塑和上色等多个环节。如果想要设计一个属于自己的手办产品，用 Midjourney 提前生成实物图无疑会节约很多时间，那么，应该如何用 Midjourney 写提示词呢？接下来一起看看以下案例吧。

1. 最终效果图和制作思路

最终效果图如图 16.5-1 所示，制作思路如图 16.5-2 和图 16.5-3 所示。

图16.5-1

图16.5-2

图16.5-3

制作思路

（1）用 Midjourney 生成手办实物图。

（2）用 Vary(Region) 功能调整图像的细节部分，加上帽子。

2. 步骤详解

步骤① 单击 Midjourney 对话框，输入"/"后选择 /imagine 命令，在 prompt 框中输入手办实物图提示词，如图 16.5-4 所示。

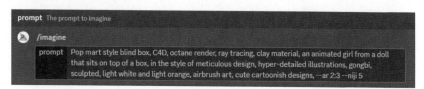

图 16.5-4

提示词：Pop mart style blind box, C4D, octane render, ray tracing, clay material, an animated girl from a doll that sits on top of a box, in the style of meticulous design, hyper-detailed illustrations, gongbi, sculpted, light white and light orange, airbrush art, cute cartoonish designs, --ar 2:3 --niji 5

（泡泡玛特风格盲盒，C4D，辛烷值渲染，光线追踪，黏土材料，一个动漫风格的女孩，坐在盒子的顶部，风格细致的设计，超详细的插图，工笔，雕刻，浅白色和浅橙色，喷枪艺术，可爱的卡通设计，出图比例 2∶3，版本 niji 5）

步骤② 在生成的图像中选择自己想要的图像（U3），如图 16.5-5 所示。此时效果见图 16.5-2。

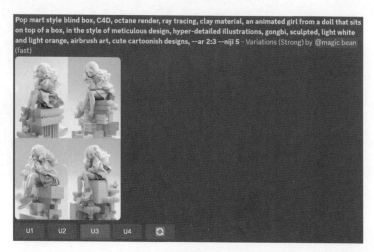

图 16.5-5

步骤③ 如果想要调整画面的部分细节，比如，在人物头上加上一顶帽子，但又不想改变其他的画面。这时，就可以单击 Vary(Region) 按钮进行局部重绘。选择套索工具，圈出头顶部分，在提示词中加入 With a hat（戴着帽子），完成后单击右下角的箭头，如图 16.5-6 所示。

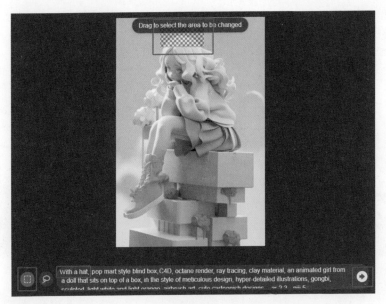

图 16.5-6

步骤④ 在生成的图像中选择自己想要的图像（U2），如图 16.5-7 所示。单击大图，选择用浏览器打开，在图像上右击，在弹出的快捷菜单中选择"保存图片"命令。此时的效果见图 16.5-3。

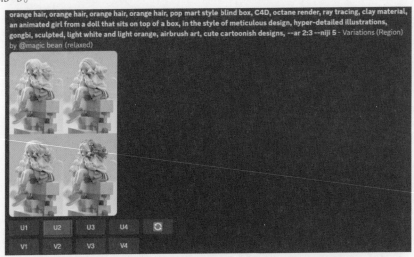

图 16.5-7

3. 举一反三

制作思路

（1）用 Midjourney 生成手办实物图，如图 16.5-8 所示。

（2）用 Vary(Region) 功能调整图像的细节部分，将宠物猴子变成小猫，如图 16.5-9 所示。

图 16.5-8　　　　　　图 16.5-9

> **作者心得**　　　　　　　　　　　　　　　● ● ●
>
> 　　"手办"有多种翻译，如这里使用的是 model kit，此外还可以替换为 garage kit、resin kit 等。Midjourney 目前对于群像人物的细节处理还不够细致，所以在输入手办的制作对象时，数量越少，出图会越精致。

16.6　制作中国风手办

　　手办有多种多样的风格，大家可以通过把控 Midjourney 的提示词，来生成想要的产品效果图。例如，想要制作一个中国风的手办，该如何用 Midjourney 写提示词呢？接下来一起看看以下案例吧。

1. 最终效果图和制作思路

　　最终效果图如图 16.6-1 所示，制作思路如图 16.6-2 和图 16.6-3 所示。

图 16.6-1

图 16.6-2

图 16.6-3

制作思路

（1）用 Midjourney 生成手办实物图。

（2）用 Vary(Region) 功能调整图像的细节部分。

2. 步骤详解

步骤① 单击 Midjourney 对话框，输入"/"后选择 /imagine 命令，在 prompt 框中输入手办实物图提示词，如图 16.6-4 所示。

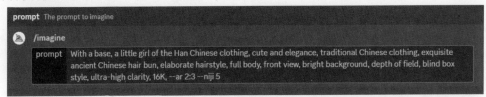

图 16.6-4

提示词：With a base, a little girl of the Han Chinese clothing, cute and elegance, traditional Chinese clothing, exquisite ancient Chinese hair bun, elaborate hairstyle, full body, front view, bright background, depth of field, blind box style, ultra-high clarity, 16K, --ar 2∶3 --niji 5

（附带底座，一个穿着汉服的小女孩，可爱且优雅，中国传统服饰，精致的中国古代发髻，精致的发型，全身，正面视图，明亮的背景，景深，盲盒风格，超高清晰度，16K，出图比例 2∶3，版本 niji 5）

步骤② 在生成的图像中选择自己想要的图像（U2），如图 16.6-5 所示。此时效果见图 16.6-2。显示大图，发现某些细节部分需要调整，如手办中人物的双手和胸前的装饰等。

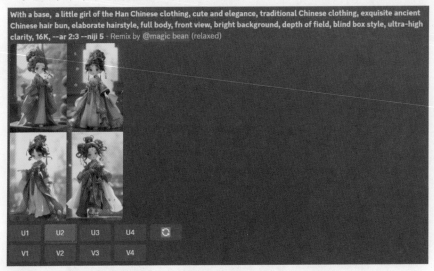

图 16.6-5

步骤③ 单击 Vary(Region) 按钮，选择左下角的套索工具，圈出需要修改的部分，完成后单击右下角的箭头，如图 16.6-6 所示。

图 16.6-6

步骤④ 在生成的图像中选择自己想要的图像（U3），如图 16.6-7 所示。单击大图，选择用浏览器打开，在图像上右击，在弹出的快捷菜单中选择"保存图片"命令。完成后的效果见图 16.6-3。

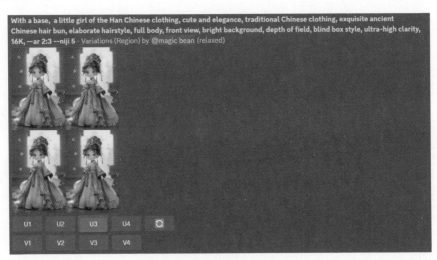

图 16.6-7

3. 举一反三

制作思路

（1）用 Midjourney 生成手办实物图，如图 16.6-8 所示。

（2）用 Vary(Region) 功能调整图像的细节部分，如图 16.6-9 所示。

图 16.6-8　　　　　　图 16.6-9

作者心得　　　　　　　　　　　　　●●●

　　除了人物手办，利用 Midjourney 还可以根据需求生成景观手办和动物手办，如果风格需要贴近写实风，可以将 niji 5 模型切换为 v 5.2 模型，以达到想要的效果。

✎ 读书笔记

第17章

家居及空间设计，既涵盖室内装饰设计，又包括房间与外部环境的设计。此类设计涉及空间布局的诸多细节。Midjourney的应用，使家居及空间设计变得更为简便。本章将讲解如何运用Midjourney进行家居及空间设计。

家居及空间设计

Home and spatial design

17.1 家居及空间设计的基础知识

了解家居及空间设计的基础知识，对于创造一个既舒适又实用的生活环境至关重要。具体包括如何有效地利用空间、选择合适的色彩和材料，以及如何将个人风格和功能需求融为一体。掌握这些要点，有助于创造出既美观又实用的家居及空间。

1. 常见的家居及空间设计

家居及空间设计的内容不胜枚举，这里主要介绍以下几种。

（1）书柜设计

通常的书柜设计可以分为对称设计和不规则设计两大类。前者造型简单，由同一款式的柜体单元重复形成，这样的设计适合比较大的开放空间，如图 17.1-1 和图 17.1-2 所示；后者设计风格较为个性化，对空间大小没有特别的要求，如图 17.1-3 和图 17.1-4 所示。

图 17.1-1　　　　　　　　　图 17.1-2

图 17.1-1/ 图 17.1-2　提示词

Bookcase design, IKEA style, beige color, books and picture frames on the cabinet, home, furniture, 8K, −−ar 2∶3 −−v 5.2

图 17.1-3　　　　　　　　　图 17.1-4

（2）大门设计

大门既能成为家里的一大亮点，又能提升空间质感，如图 17.1-5 和图 17.1-6 所示。当室内的空间有限时，推拉门可以作为隔断，既不会阻碍室内的视野，又能营造出开放式效果的错觉，如图 17.1-7 和图 17.1-8 所示。

图 17.1-5　　　　　　　　　图 17.1-6

图 17.1-7　　　　　　　　　图 17.1-8

（3）书房设计

书房的空间面积不宜太大，需要安静、少干扰的环境。尽量将窗户朝向屋子光线进入最好的方向，此外，可以把写字台安排在窗前，一般朝南的房间的光线会比较充足，如图 17.1-9 ~ 图 17.1-12 所示。

图17.1-9

图17.1-10

图17.1-9/ 图17.1-10　提示词

A study room with chair and table, about 8 square meters, designed for children, postmodern architecture and design, hybrid of contemporary and traditional, perfect details, comfortable atmosphere, 8K, ‒‒ar 5∶3 ‒‒v 5.2

图17.1-11

图17.1-12

图17.1-11/ 图17.1-12　提示词

Study room, bookcase with lots of books, huge windows, good sunshine, simple style, ‒‒ar 5∶3 ‒‒v 5.2

（4）茶室设计

茶室设计多为中式风格，是一种以宫廷建筑为代表的中国古典建筑的室内装饰设计艺术风格，讲究空间的层次感与跳跃感，如图 17.1-13 和图 17.1-14 所示。新中式设计讲究线条简单流畅，融合着精雕细琢的意识，如图 17.1-15 和图 17.1-16 所示。

图17.1-13

图17.1-14

图17.1-13/ 图17.1-14　提示词

A Chinese inspired dining room, in the style of soft atmospheric scenes, Mori Kei, sepia tone, atmospheric installations, realistic, natural, 8K, ‒‒ar 3∶2 ‒‒v 5.2

图17.1-15　　　　　　　　　　　　　图17.1-16

图 17.1-15/ 图 17.1-16　**提示词**

A tea room, a Chinese tea table, white gauzy curtains, hemp rope-woven cushions, medium close-up, bright tone, simple style, hyper-realistic, 8K, --ar 3：2 -- v 5.2

2. 常用家居及空间设计的应用领域

空间设计可以应用于办公空间设计、家庭室内装修、文化和休闲空间设计（博物馆、展览馆、学校和图书馆、酒吧、酒店等）、商业空间设计（商场、专卖店、专柜等），具体设计项目包括空间结构规划、水电设计、灯光设计、装修、软装（沙发套、窗帘、摆件、挂画、灯具、花艺等）、特殊的空间还需要道具设计（如店铺和图书馆的陈列道具等）。

3. 常用家居及空间设计的提示词

常见家具

Faucet, washbasin, pillow, duvet cover, bed sheet, refrigerator, microwave, wardrobe, fireplace, sofa, nightstand, dresser, coat stand, bookcase, end table, bed, mirror, hanger, floor lamp, carpet, curtain, bedside lamp, washing machine

水龙头，洗脸盆，靠枕，被套，床单，冰箱，微波炉，衣柜，壁炉，沙发，床头柜，梳妆台，衣帽架，书柜，茶几，床，镜子，衣架，落地灯，地毯，窗帘，床头灯，洗衣机

常见场景

Living room, kitchen, foyer, suite, a study room, washroom, cloakroom, bedroom, a tea room, dining room, balcony, a home theater, bathroom, cloth store, a coffee shop, pop-up shop, RV, bookstore, jewelry store, staircase

客厅，厨房，门厅，套房，书房，洗手间，衣帽间，卧室，茶室，餐厅，阳台，家庭影院，浴室，服装店，咖啡店，快闪店，房车，书店，珠宝店，楼梯

常见风格

Postmodern architecture and design, hybrid of contemporary and traditional, neoclassical style, simple and elegant, modern minimalist style, Rococo elegance, neoclassical symmetry, realistic style, whimsical subject matter, in the style of soft atmospheric scenes, Mori Kei, American style, light luxury style, classic Japanese simplicity, IKEA style, Mediterranean style, fashion style

后现代建筑与设计，现代与传统的混合，新古典主义风格，简约优雅，现代极简主义风格，

洛可可优雅风，新古典主义对称，现实主义风格，异想天开的题材，柔和大气的场景风格，森系，美式风格，轻奢风格，经典日式简约，宜家风格，地中海风格，时尚风格

17.2 制作台灯

若要为自己的家中添置一个充满个人设计感的台灯，如何让脑海中的想象落地，用 Midjourney 生成相应的家居呢？接下来一起看看以下案例吧。

1. 最终效果图和制作思路

最终效果图如图 17.2-1 所示，制作思路如图 17.2-2 ~ 图 17.2-4 所示。

图 17.2-1

图 17.2-2

图 17.2-3

图 17.2-4

制作思路

（1）用 Midjourney 生成台灯的效果图。

（2）用 Photoshop 进行抠图处理。

（3）调整台灯的大小并摆在合适的位置，再进行整体调整。

2.步骤详解

步骤① 单击 Midjourney 对话框，输入"/"后选择 /imagine 命令，在 prompt 框中输入提示词，如图 17.2-5 所示。

图 17.2-5

提示词：Chinese style table lamp, glass chandelier, glamorous, high quality photo, intricate embellishments, in the style of golden light, motion blur, gossamer fabrics, soft, atmospheric lighting, traditional Chinese, --v 5.2

（中式台灯，玻璃吊灯，光彩照人，高品质的照片，错综复杂的点缀，带有金色光芒的风格，运动模糊，薄纱织物，柔和，大气的照明，传统中式，版本 v 5.2）

步骤② 在生成的图像中选择自己想要的图像（U1），如图 17.2-6 所示，单击大图，选择用浏览器打开，在图像上右击，在弹出的快捷菜单中选择"保存图片"命令。完成后的效果见图 17.2-2。

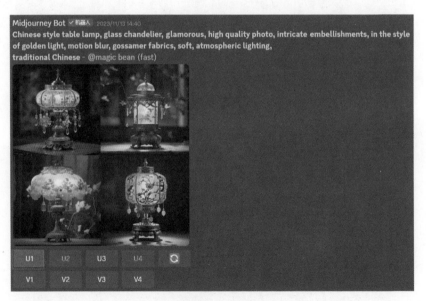

图 17.2-6

步骤③ 将自己的场景图和台灯效果图置入 Photoshop，将图像栅格化后，进行抠图，如图 17.2-7 和图 17.2-8 所示。完成后的效果见图 17.2-3。

步骤④ 用钢笔工具选择一块木头纹理，如图 17.2-9 所示，复制后进行变形处理，将台灯遮住，如图 17.2-10 所示。

文件(F) 编辑(E) 图像(I) 图层(L) 文字(Y) 选择(S) 滤镜(T) 3D(D) 视图(V) 增效工具 窗口(W) 帮助(H)

图 17.2-7　　　　　　　　　　图 17.2-8

图 17.2-9　　　　　　　　　　图 17.2-10

步骤⑤ 桌面也做同样的处理，得到一个干净的场景图。完成后的效果如图 17.2-11 所示。

图 17.2-11

步骤⑥ 调整步骤③中得到的台灯大小，移至床头柜的位置，并建立蒙版，如图 17.2-12 和图 17.2-13 所示，制作出台灯与场景的前后遮挡关系。完成后的效果如图 17.2-14 所示。

图 17.2-12

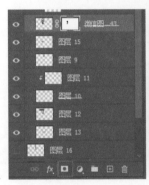

图 17.2-13

图 17.2-14

步骤⑦ 制作出台灯的投影，再调整一下局部细节，如图 17.2-15 所示。完成后的效果见图 17.2-4。

图 17.2-15

3. 举一反三

制作思路

（1）用 Midjourney 生成台灯的效果图，如图 17.2–16 所示。
（2）用 Photoshop 进行抠图处理，如图 17.2–17 所示。
（3）调整台灯的大小并摆在合适的位置，再进行整体调整，如图 17.2–18 所示。

图 17.2–16 　　　　　图 17.2–17 　　　　　图 17.2–18

作者心得

　　在用 Midjourney 绘画时，要根据自身需求调整提示词，把握好出图次数，尽量争取一次完成。因为如果反复调整一个素材，后面生成的图像可能会越来越魔幻，所以在描述提示词时，一定要做到精准，可以通过调整参数的形式把握住每一次出图机会。

17.3 制作儿童椅

　　当想要在家中添加一些可爱的元素，如为小朋友添置一把充满童趣的儿童椅时，Midjourney 可以提供很大帮助。那么，要如何写提示词呢？接下来一起看看以下案例吧。

1. 最终效果图和制作思路

　　最终效果图如图 17.3–1 所示，制作思路如图 17.3–2 ~ 图 17.3–4 所示。

图 17.3–1

图17.3-2

图17.3-3

图17.3-4

制作思路

（1）用 Midjourney 生成椅子的效果图。

（2）用 Photoshop 进行抠图处理。

（3）用 Photoshop 将椅子和场景进行融合处理。

2. 步骤详解

步骤① 单击 Midjourney 对话框，输入"/"后选择 /imagine 命令，在 prompt 框中输入提示词，如图 17.3-5 所示。

图17.3-5

提示词：A 3D rendered image of a wooden bunny shaped chair, wooden chair shaped like rabbit ears, cute and dreamy, precisionist, innovative, in the style of cartoonish design, ––niji 5

（一把兔子形状的木质椅子的三维渲染图像，形状像兔子耳朵的木质椅子，可爱和梦幻，精确，创新，卡通风格设计，版本 niji 5）

步骤② 在生成的图像中选择自己想要的图像（U4），如图 17.3-6 所示。单击大图，选择用浏览器打开，在图像上右击，在弹出的快捷菜单中选择"保存图片"命令。完成后的效果见图 17.3-2。

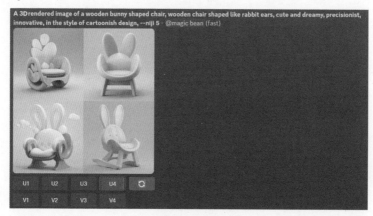
图17.3-6

步骤③ 将生成的椅子图导入 Photoshop。选择钢笔工具，将椅子从背景里面抠出来，如图 17.3-7 和图 17.3-8 所示。完成后的效果见图 17.3-3。

图 17.3-7　　　　　　　　　　图 17.3-8

步骤④ 将自己的场景图细节处理干净。然后将椅子置入场景中，并调整至合适的大小，如图 17.3-9 和图 17.3-10 所示。

图 17.3-9　　　　　　　　　　图 17.3-10

步骤⑤ 按快捷键 Ctrl+J 复制一个椅子图层，然后按快捷键 Ctrl+T 对复制图层的椅子进行变形压扁，如图 17.3-11 所示，按快捷键 Ctrl+U 进行色相调整，具体参数设置如图 17.3-12 所示。

图 17.3-11

图17.3-12

步骤⑥ 在菜单栏中选择"场景模糊"滤镜，为椅子制作阴影，如图17.3-13所示。

图17.3-13

步骤⑦ 利用画笔工具统一椅子和场景的阴影，如图17.3-14和图17.3-15所示。完成后的效果见图17.3-4。

图17.3-14   图17.3-15

17

3. 举一反三

制作思路

（1）用 Midjourney 生成椅子的效果图，如图 17.3−16 所示。

（2）用 Photoshop 进行抠图处理，如图 17.3−17 所示。

（3）用 Photoshop 将椅子和场景进行融合处理，如图 17.3−18 所示。

图 17.3−16　　　　　　　　图 17.3−17　　　　　　　　　图 17.3−18

作者心得

　　本案例中主要运用了动物元素，如果有其他喜欢的元素或颜色，可以结合自身需求自行调整提示词。除此之外，在绘图时，还需要注意量词的使用，如果不加量词，很可能会生成一堆儿童椅，效果不佳。

17.4　制作厨房设计图

　　当大家对厨房的装修风格不知道从何下手时，可以利用 Midjourney 生成一些设计图作为参考。接下来一起看看以下案例吧。

1. 最终效果图和制作思路

最终效果图如图 17.4−1 所示，制作思路如图 17.4−2 和图 17.4−3 所示。

图 17.4−1

图17.4-2　　　　　　　　　　　　　　　　图17.4-3

制作思路

（1）用 Midjourney 生成设计图。

（2）用 Vary(Region) 功能调整图像的细节部分。

2. 步骤详解

步骤①　单击 Midjourney 对话框，输入"/"后选择 /imagine 命令，在 prompt 框中输入提示词，如图 17.4-4 所示。

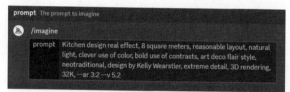

图17.4-4

提示词：Kitchen design real effect, 8 square meters, reasonable layout, natural light, clever use of color, bold use of contrasts, art deco flair style, neotraditional, design by Kelly Wearstler, extreme detail, 3D rendering, 32K, --ar 3：2 --v 5.2

（厨房设计真实效果，8平方米，布局合理，光线自然，色彩运用巧妙，对比运用大胆，装饰艺术风格，新传统，由凯莉·韦斯特勒设计，极致细节，三维渲染，32K，出图比例3：2，版本 v 5.2）

步骤②　在生成的图像中选择自己想要的图像（U2），如图 17.4-5 所示。此时效果见图 17.4-2。查看大图，发现某些细节需要调整，如图 17.4-6 所示。

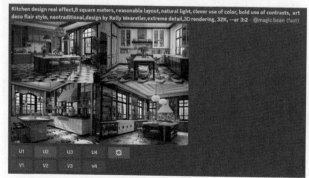

图17.4-5

图 17.4-6

步骤③　单击 Vary(Region) 按钮，如图 17.4-7 所示，圈出需要调整的细节，如图 17.4-8 所示。然后选择调整后自己想要的图像（U4），如图 17.4-9 所示。单击大图，选择用浏览器打开，在图像上右击，在弹出的快捷菜单中选择"保存图片"命令。完成后的效果见图 17.4-3。

图 17.4-7

图 17.4-8

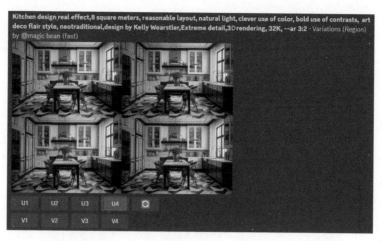

Kitchen design real effect,8 square meters, reasonable layout, natural light, clever use of color, bold use of contrasts, art deco flair style, neotraditional,design by Kelly Wearstler,Extreme detail,3D rendering, 32K, --ar 3:2 - Variations (Region) by @magic bean (fast)

图17.4-9

3. 举一反三

制作思路

（1）用 Midjourney 生成设计图，如图 17.4-10 所示。

（2）用 Vary(Region) 功能调整图像的细节部分，如图 17.4-11 所示。

图 17.4-10

图 17.4-11

作者心得

如果想要的装修风格需要新的布局，可以用想要的风格图像进行垫图，让 Midjourney 在此基础上进行创作，但需要注意确保用于垫图的底图的画质足够清晰。

17

17.5 制作客厅设计图

Midjourney 生成的设计图同样可以为人们客厅的装修设计提供一些参考。接下来一起来看看以下案例吧。

1. 最终效果图和制作思路

最终效果图如图 17.5-1 所示，制作思路如图 17.5-2 和图 17.5-3 所示。

图 17.5-1

图 17.5-2

图 17.5-3

制作思路

（1）用 Midjourney 生成设计图。

（2）用 Vary(Region) 功能调整图像的细节部分。

2. 步骤详解

步骤① 单击 Midjourney 对话框，输入 "/" 后选择 /imagine 命令，在 prompt 框中输入提示词，如图 17.5-4 所示。

图 17.5-4

提示词：Interior of a cozy beach house, bohemian living room, large round window on the side of the wall, plant filled patio, bohemian beach house architecture, the cosy couch with pillows, cushions, bookshelves, many books, bright and airy atmosphere, luxury floor, natural wood, lush houseplants, delicate window dressings, seashells, shabby chic, shades of tan and turquoise, photo-realistic, 32K, --ar 3：2 --v 5.2

（一栋舒适的海滩别墅的内部，波西米亚式客厅，墙壁一侧的大圆形窗户，充满植物的露台，波西米亚式海滩别墅建筑，舒适的沙发，枕头，靠垫，书架，许多书，明亮通风的氛围，豪华的地板，天然木材，郁郁葱葱的室内植物，精致的橱窗装饰，贝壳，老旧时尚风，褐色和绿松石色阴影，逼真的，32K，出图比例3：2，版本v 5.2）

步骤② 在生成的图像中选择自己想要的图像（U2），如图17.5-5所示。此时效果见图17.5-2。查看大图，发现某些细节需要调整，如图17.5-6所示。

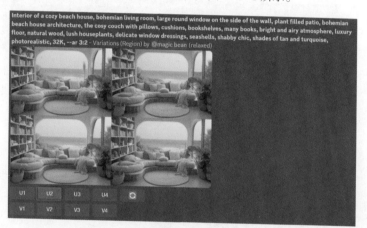

图17.5-5

图17.5-6

步骤③ 单击Vary(Region)按钮，如图17.5-7所示，圈出需要调整的细节，如图17.5-8所示。然后选择调整后自己想要的图像（U2），如图17.5-9所示。单击大图，选择用浏览器打开，在图像上右击，在弹出的快捷菜单中选择"保存图片"命令。完成后的效果见图17.5-3。

图 17.5-7

图 17.5-8

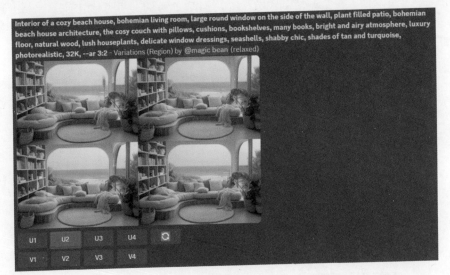

图 17.5-9

3. 举一反三

制作思路

（1）用 Midjourney 生成设计图，如图 17.5-10 所示。

（2）用 Vary(Region) 功能调整图像的细节部分，如图 17.5-11 所示。

图 17.5-10　　　　　　　　　　图 17.5-11

> **作者心得** ● ● ●
>
> 　　如果生成图像的光影效果不是自己想要的，可以尝试添加提示词 brighter（更亮）或 darker（更暗），或者其他想要的光效，如 cold light（冷光）、soft light（柔光）、focal light（焦点光）等。

17.6 制作快闪店设计图

　　除了家庭内部的设计，Midjourney 同样可以为店铺的设计提供参考和创意。那么，若想为自己的店铺制作相应的参考图，该如何用 Midjourney 写提示词呢？接下来一起看看以下案例吧。

1. 最终效果图和制作思路

最终效果图如图 17.6-1 所示，制作思路如图 17.6-2 和图 17.6-3 所示。

图 17.6-1

图 17.6-2

图 17.6-3

制作思路

（1）用 Midjourney 生成设计图。

（2）用 Zoom Out 功能生成全景效果图。

2. 步骤详解

步骤① 单击 Midjourney 对话框，输入"/"后选择 /imagine 命令，在 prompt 框中输入提示词，如图 17.6-4 所示。

图 17.6-4

提示词：Pop-up shop on the street, 3D architectural booth design, fashion atmosphere, orange, 30 square meters area, C4D, OC rendering, 8K, --ar 4 : 3 --v 5.2

（街上的快闪店，三维建筑展位设计，时尚氛围，橙色，30 平方米面积，C4D，OC 渲染，8K，出图比例 4 : 3，版本 v 5.2）。

步骤② 在生成的图像中选择自己想要的图像（U4），如图 17.6-5 所示。完成后的效果见图 17.6-2。

图 17.6-5

步骤③ 单击生成图下方的 Zoom Out 1.5x 按钮进行缩放，如图 17.6-6 所示。然后选择调整后自己想要的图像（U2），如图 17.6-7 所示。单击大图，选择用浏览器打开，在图像上右击，在弹出的快捷菜单中选择"保存图片"命令。完成后的效果见图 17.6-3。

图 17.6-6

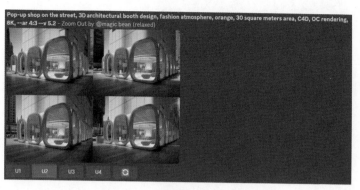

图 17.6-7

3. 举一反三

制作思路

（1）用 Midjourney 生成设计图，如图 17.6-8 所示。

（2）用 Zoom Out 功能生成全景效果图，如图 17.6-9 所示。

图 17.6-8

图 17.6-9

作者心得

除了更换物体等主体词，还可以对质感和背景提出要求，并根据实际情况调整面积的提示词，如将 About 10 square meters（约 10 平方米）更改为 About 20 square meters（约 20 平方米）。

✎ 读书笔记

第18章

建筑是人们为了满足生活中的各种需求，利用现有的技术和材料，遵循科学和美学原则，创造出的建筑物和结构的总称。Midjourney 的出现，可以为人们提供颜色和布局上的创意，并且大家可以根据需要进行后期调整和完善。本章将讲解如何用 Midjourney 进行建筑的创意设计。

建筑设计

Architectural Design

18.1 建筑基础知识

按使用性质分类，可将建筑分为居住建筑（家庭或个人较长时间居住和使用的建筑）、公共建筑（供人们进行购物、办公、学习、医疗、旅行住宿、体育训练等的非生产性建筑，如商店、办公楼、学校、医院、旅馆、体育馆、展览馆等）、工业建筑（供工业生产使用或直接为工业生产服务的建筑，如厂房、仓库等）、农业建筑（供农业生产使用或直接为农业生产服务的建筑，如料仓、养殖场等）。

1. 常见的建筑风格

建筑风格有很多种，常见的建筑风格有以下几种。

（1）新古典主义建筑

新古典主义建筑以自然、理性为美，整体风格朴实简洁、比例均衡，主要应用于法院、博物馆、剧院等公共建筑，或者大学、图书馆等建筑，如图 18.1-1 和图 18.1-2 所示。

图 18.1-1

图 18.1-2

图 18.1-1/ 图 18.1-2　提示词

Neoclassical architecture, sunlight, a large building, hyper-detailed renderings, classical revival, realistic, --ar 3：2 --v 5.2

18

（2）洛可可风格建筑

洛可可风格建筑的基本特点是纤弱娇媚、华丽精巧、甜腻温柔、纷繁琐细。设计上常采用断裂山花或叠山花，以贝壳和巴洛克风格的趣味性结合为主轴，构图上不规则地跳跃，装饰用大量壁画和雕刻，富有生命力和动感，如图18.1-3和图18.1-4所示。

图18.1-3　　　　　　　　　　　　　　　　图18.1-4

图18.1-3/ 图18.1-4　**提示词**

Outside the castle, ancient and mysterious, in the style of rococo–inspired art, realistic and hyperdetailed renderings, golden light, gigantic scale, front view, ultra wide angle, ray tracing, 16K, ––ar 3 : 4 ––v 5.2

（3）中式建筑

中式建筑通常以木材为主要建材，充分发挥木材的物理性能，创造出独特的木结构或穿斗式结构，并讲究构架制，注重整体性、平衡性及横向布局，强调空间的开放性和变化性，用装修构件分合空间，用环境创造氛围，如图18.1-5和图18.1-6所示。

图18.1-5　　　　　　　　　　　　　　　　图18.1-6

（4）现代主义风格建筑

现代主义风格建筑强调建筑的功能性、实用性和可持续性，通常采用简约抽象的设计风格，注重建筑本身的美学和工程性能，通过分析场地确定功能、布局、设计外形，并选择材料和技术，如图 18.1-7 和图 18.1-8 所示。

图 18.1-7　　　　　　　　　　　　　　　图 18.1-8

2. 常见的建筑结构

按照使用材料类型的不同，通常可以将常见的建筑结构分为砖木结构、砖混结构、钢筋混凝土结构和钢结构四大类，而各种结构都有其自身的特点。

（1）砖木结构

砖木结构是用砖墙、砖柱、木屋架作为主要承重的结构，如大多数农村的屋舍、庙宇等。这种结构建造简单，材料容易准备，费用较低。

（2）砖混结构

顾名思义，砖混结构就是用砖和钢筋混凝土作为主要承重的结构。以砖墙或砖柱、钢筋混凝土楼板和屋顶承重构件作为主要承重结构的建筑，在住宅建设中建造量最大，这一结构类型应用最普遍。

（3）钢筋混凝土结构

钢筋混凝土结构即主要承重构件包括墙、柱、梁、板，全部采用钢筋混凝土结构，非承重墙用砖或其他材料填充。这种结构抗震性能好，整体性强，耐火性、耐久性、抗腐蚀性强，主要用于大型公共建筑、工业建筑和高层住宅。钢筋混凝土建筑结构里又包含框架结构、框架—剪力墙结构、框—筒结构等。25 ~ 30 层左右的高层住宅通常采用框架—剪力墙结构。

18

（4）钢结构

钢结构是指主要承重构件全部采用钢材制作，因为自重较轻，适用于超高层建筑，如摩天大楼，并且该结构能打造大跨度、高净高的空间，特别适用于大型公共建筑。

3. 常用的建筑提示词

常见建筑类型

The castle, Chinese architecture, museum, garden, administration building, park, auditorium, gym, library, apartment, amusement park, courtyard, cabin, cottage, contemporary architecture, bungalow, shopping mall, market, school, courthouse, square, the stadium

城堡，中式建筑，博物馆，花园，行政大楼，公园，礼堂，体育馆，图书馆，公寓，游乐园，庭院，小木屋，乡间小屋，当代建筑，平房，商场，市场，学校，法院，广场，体育场

常见建筑构造

Mud, brick, pottery, glass, steel, aluminum, wood, concrete, stone, soil, plastic, earthenware, GlassSteel aluminum alloy, cubic building, rectangular building, conical building, pentagonal building, trapezoidal building, polygonal building, streamlined building, spherical building, polyhedral building, pyramid building

泥，砖块，陶，玻璃，钢，铝板，木材，混凝土，石头，泥土，塑料，陶土，玻璃钢铝合金，正方体建筑，长方体建筑，锥体建筑，五边形建筑，梯形建筑，多边形建筑，流线型建筑，球形建筑，多面体建筑，金字塔建筑

常见风格

Neoclassical architecture, classical revival, realistic, in the style of rococo-inspired art, modern Chinese style, modernism, minimalist, vintage aesthetics, baroque architecture, art nouveau architecture, gothic architecture, magic realism style, futuristic style

新古典主义建筑，古典复兴，现实主义，洛可可风格的艺术，现代中国风，现代主义，极简主义，复古美学，巴洛克建筑，新艺术建筑，哥特式建筑，魔幻现实主义风格，未来主义风格

18.2 幼儿园设计

在为幼儿园的设计寻找一些风格的参考时，可以利用 Midjourney 生成一些有创意的效果。接下来一起看看以下案例吧。

1. 最终效果图和制作思路

最终效果图如图 18.2-1 所示，制作思路如图 18.2-2 ~ 图 18.2-4 所示。

图18.2-2

图18.2-3

图18.2-4

图18.2-1

制作思路

（1）用 Midjourney 生成设计图。

（2）根据图像风格用 Photoshop 制作一个相符的门头。

（3）将门头放在合适的位置。

2. 步骤详解

步骤① 单击 Midjourney 对话框，输入"/"后选择 /imagine 命令，在 prompt 框中输入提示词，如图 18.2-5 所示。

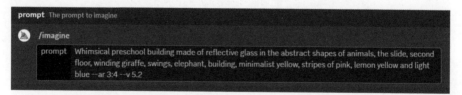

图18.2-5

提示词：Whimsical preschool building made of reflective glass in the abstract shapes of animals, the slide, second floor, winding giraffe, swings, elephant, building, minimalist yellow, stripes of pink, lemon yellow and light blue, --ar 3：4 --v 5.2

18

（异想天开的幼儿园建筑，由反光玻璃制成的形状抽象的动物，滑梯，二楼，蜿蜒的长颈鹿，秋千，大象，建筑，极简主义的黄色，粉红色的条纹，柠檬黄和浅蓝色，出图比例 3：4，版本 v 5.2）

步骤② 在生成的效果图中选择自己想要的图片（U3），如图 18.2-6 所示。单击大图，选择用浏览器打开，在图片上右击，在弹出的快捷菜单中选择"保存图片"命令。完成后的效果见图 18.2-2。

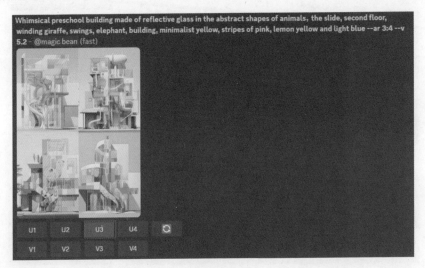

图 18.2-6

步骤③ 打开 Photoshop，在工具栏中选择矩形工具，如图 18.2-7 所示，在画布中拉出一个长方形，并将颜色改为粉色，如图 18.2-8 所示。

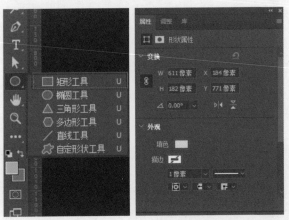

图 18.2-7　　　　　图 18.2-8

步骤④ 按快捷键 Ctrl+Shift+N 新建一个图层，建立剪贴蒙版，如图 18.2-9 所示。使用画笔工具制作背景底纹。完成后的效果如图 18.2-10 所示。

图18.2-9

图18.2-10

步骤⑤ 用矩形工具画出装饰边框和相应的文字框，如图18.2-11所示，并加上文字内容，最后用椭圆工具增加一些装饰性元素，如图18.2-12所示。完成后的效果见图18.2-3。

图18.2-11

图18.2-12

步骤⑥ 将制作好的门头放入图像中合适的位置，并调整细节，如图18.2-13所示。完成后的效果见图18.2-4。

图18.2-13

3. 举一反三

制作思路

（1）用 Midjourney 生成设计图，如图 18.2-14 所示。

（2）根据图像风格用 Photoshop 制作一个相符的门头，如图 18.2-15 所示。

（3）将门头放在合适的位置，如图 18.2-16 所示。

图18.2-14　　　　　　　　图18.2-15　　　　　　　　图18.2-16

作者心得　　　　　　　　　　　　　　●　●　●

　　Midjourney 生成的建筑设计图只能作为创意和风格的参考，具体如何实践，还需要大家结合实际情况分析。同时，由于是 AI 出图，因此作品的风格可能会天马行空，不局限于生活中已有的事物或场景。

18.3　庭院设计

　　在用 Midjourney 设计一个庭院时，不同风格所需的提示词是不一样的，比如东南亚风格崇尚原始自然、色泽鲜艳。那么，如何根据不同的风格写提示词呢？接下来一起看看以下案例吧。

1. 最终效果图和制作思路

最终效果图如图 18.3-1 所示，制作思路如图 18.3-2 和图 18.3-3 所示。

图18.3-1

图 18.3-2 图 18.3-3

制作思路

（1）用 Midjourney 生成设计图。

（2）在此风格上用 Vary 功能生成风格相似的 4 张图像。

2. 步骤详解

步骤① 单击 Midjourney 对话框，输入"/"后选择 /imagine 命令，在 prompt 框中输入提示词，如图 18.3-4 所示。

图 18.3-4

提示词：The courtyard of a beautiful old house in southeast Asia, a large swimming pool and plenty of palm trees, in the style of islamic art and architecture, vintage aesthetics, in the style of dark white and dark beige, mysterious jungle, poolcore white and bronze, eye-catching, soft, hanging, a patio with a patio furniture and plants around it, --ar 3：4 --v 5.2

（东南亚一座美丽的老房子的庭院，一个很大的游泳池和大量的棕榈树，伊斯兰艺术和建筑风格，复古美学，深色和米色风格，神秘的丛林，池核，白色和青铜色，醒目的，柔软，悬挂，一个被家具和植物围绕的露台，出图比例 3：4，版本 v 5.2）

步骤② 在生成的图像中确定自己想要的图像，单击第 2 排的 V2 按钮，如图 18.3-5 所示，可以在这张图像的基础上生成风格相似的 4 张图像，如图 18.3-6 所示。

步骤③ 单击大图，选择用浏览器打开，在图像上右击，在弹出的快捷菜单中选择"保存图片"命令。完成后的效果见图 18.3-1。

18

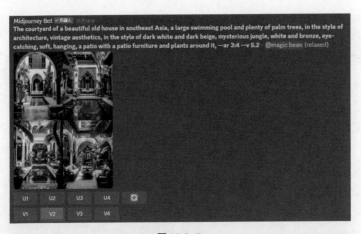

Midjourney Bot ✓机器人 今天14:12
The courtyard of a beautiful old house in southeast Asia, a large swimming pool and plenty of palm trees, in the style of architecture, vintage aesthetics, in the style of dark white and dark beige, mysterious jungle, white and bronze, eye-catching, soft, hanging, a patio with a patio furniture and plants around it, --ar 3:4 --v 5.2 · @magic bean (relaxed)

图18.3-5

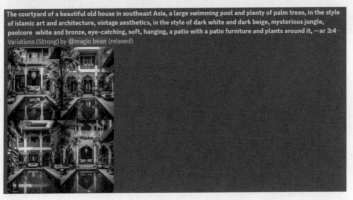

The courtyard of a beautiful old house in southeast Asia, a large swimming pool and plenty of palm trees, in the style of islamic art and architecture, vintage aesthetics, in the style of dark white and dark beige, mysterious jungle, poolcore white and bronze, eye-catching, soft, hanging, a patio with a patio furniture and plants around it, --ar 3:4 · Variations (Strong) by @magic bean (relaxed)

图18.3-6

3. 举一反三

制作思路

（1）用 Midjourney 生成设计图，如图 18.3-7 所示。

（2）在此风格上用 Vary 功能生成风格相似的 4 张图像，如图 18.3-8 所示。

图18.3-7　　　　　　　图18.3-8

作者心得 • • •

　　虽然园林设计有固定的大致风格，但其中具体的主体内容仍然可以根据自己的需求进行调整，如在生成欧式风格的园林时，可以根据自己的审美决定园林中间究竟放雕塑还是喷泉。

18.4 微缩建筑模型

　　当大家想用 Midjourney 为微缩建筑模型提供参考图时，如何写相应的提示词呢？接下来一起看看以下案例吧。

1. 最终效果图和制作思路

　　最终效果图如图 18.4-1 所示，制作思路如图 18.4-2 和图 18.4-3 所示。

图 18.4-1

图 18.4-2

图 18.4-3

制作思路

（1）用 Midjourney 生成设计图。

（2）用 Vary(Region) 功能调整图像的细节部分。

2. 步骤详解

　　步骤① 单击 Midjourney 对话框，输入"/"后选择 /imagine 命令，在 prompt 框中输入提示词，如图 18.4-4 所示。

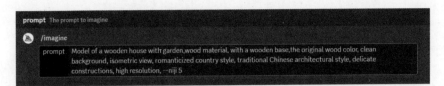

图 18.4-4

提示词：Model of a wooden house with garden, wood material, with a wooden base, the original wood color, clean background, isometric view, romanticized country style, traditional Chinese architectural style, delicate constructions, high resolution, --niji 5

（带花园的木屋模型，木质材料，木质底座，原木色，干净的背景，等距视图，浪漫乡村风格，中国传统建筑风格，构造精致，高分辨率，版本 niji 5）

步骤② 在生成的图像中选择自己想要的图像（U1），如图 18.4-5 所示。此时效果见图 18.4-2。查看大图，可以发现某些细节需要调整。

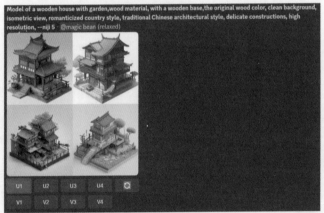

图 18.4-5

步骤③ 单击 Vary(Region) 按钮，如图 18.4-6 所示，圈出需要调整的细节，如图 18.4-7 所示。然后选择调整后自己想要的图像（U2），如图 18.4-8 所示。单击大图，选择用浏览器打开，在图像上右击，在弹出的快捷菜单中选择"保存图片"命令。完成后的效果见图 18.4-3。

图 18.4-6

图18.4–7

图18.4–8

3. 举一反三

制作思路

（1）用 Midjourney 生成设计图，如图 18.4–9 所示。

（2）用 Vary(Region) 功能调整图像的细节部分，如图 18.4–10 所示。

图18.4–9

图18.4–10

作者心得

　　如果有特殊的需求，在提示词中就一定要限定制作模型的材质，如 wood material（木质材料）等，否则 Midjourney 可能会默认用生成手办常用的 cast（树脂）或 PVC（聚氯乙烯）材质。

18.5 训练自己的建筑模型

　　利用 Midjourney 新推出的 Style tuner（风格调整器），大家可以设计一款符合自身审美的建筑模型。接下来一起看看以下案例吧。

1. 最终效果图和制作思路

　　最终效果图如图 18.5-1 所示，制作思路如图 18.5-2 和图 18.5-3 所示。

图 18.5-1

图 18.5-2

图 18.5-3

制作思路

（1）用 Midjourney 的 Style tuner 生成效果图。

（2）用 Vary(Region) 功能调整图像的细节部分。

2. 步骤详解

步骤① 单击 Midjourney 对话框，输入"/"后选择 /tune 命令，如图 18.5-4 所示。

图18.5-4

步骤② 在 prompt 框中输入提示词，如图 18.5-5 所示。这里的提示词只用于描述用户想要拿来测试风格模型的主体名词。

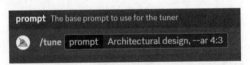

图18.5-5

步骤③ 输入完成后，按 Enter 键发送命令，随后会弹出如图 18.5-6 所示的界面。根据自身需求选择图像对数量和模型，确定后单击最下方的 Submit 按钮，系统会提示要花费一定量的 GPU 时间。如果没有问题，则单击 Are you sure?（Cost: 0.3 fast hrs GPU credits）按钮，系统即开始生成，如图 18.5-7 所示。

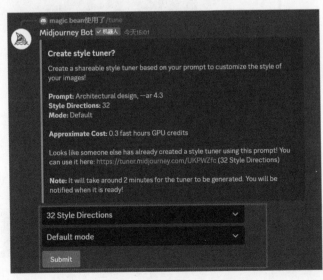

图18.5-6

图 18.5-7

步骤④ 确认提交后等待一段时间，在 Midjourney 完成对风格调整器各选项的处理后，会弹出 Style Tuner Ready! 的提示。单击蓝字链接，如图 18.5-8 所示，即可进入训练界面。

图 18.5-8

步骤⑤ 在训练界面中显示了多行图像对，用户可以根据自身需求和审美单击每对中更喜欢的图像，如果对左右两组图像都不满意，则单击中间的空框，如图 18.5-9 所示。

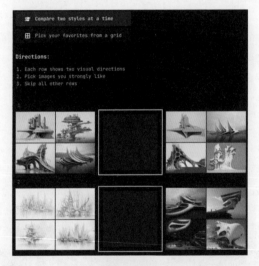

图 18.5-9

在所有组合选择完成之后，网页最下方会出现一串代码，如图 18.5-10 所示。复制代码，回到 Midjourney 页面。

图 18.5-10

步骤⑥ 单击 Midjourney 对话框，输入 "/" 后选择 /imagine 命令，在提示词后将刚才复制的代码添加到 --style 参数后，按 Enter 键发送命令，如图 18.5-11 所示。

图 18.5-11

步骤⑦ 在生成的图像中选择自己想要的图像（U2），如图 18.5–12 所示。此时效果见图 18.5–2。查看大图，可以发现某些细节需要调整。

图 18.5–12

步骤⑧ 单击 Vary(Region) 按钮，如图 18.5–13 所示，圈出需要调整的细节，如图 18.5–14 所示。然后选择调整后自己想要的图像（U4），如图 18.5–15 所示。单击大图，选择用浏览器打开，在图像上右击，在弹出的快捷菜单中选择"保存图片"命令。完成后的效果见图 18.5–3。

图 18.5–13

图 18.5–14

图 18.5–15

3. 举一反三

制作思路

（1）用 Midjourney 的 Style tuner 生成效果图，如图 18.5–16 所示。
（2）用 Vary(Region) 功能调整图像的细节部分，如图 18.5–17 所示。

图 18.5–16   图 18.5–17

作者心得

 如果对生成的图像不满意，可以返回训练界面重新选择，创建新的样式代码。除此之外，Midjourney 还支持融合使用多个模型，参数格式为 --style code1–code2–code3。

18.6 制作森林民宿

 在民宿等建筑的设计上，Midjourney 生成的图像同样可以激发人们的设计灵感。那么，该如何用 Midjourney 写提示词呢？接下来一起看看以下案例吧。

1. 最终效果图和制作思路

最终效果图如图 18.6-1 所示，制作思路如图 18.6-2 ~ 图 18.6-4 所示。

图18.6-1

图18.6-2

图18.6-3

图18.6-4

制作思路

（1）用 Midjourney 生成民宿设计图。
（2）用 Midjourney 生成森林图。
（3）用 /blend 命令制作森林民宿图。

2. 步骤详解

步骤① 单击 Midjourney 对话框，输入"/"后选择 /imagine 命令，在 prompt 框中输入民宿设计图的提示词，如图 18.6-5 所示。

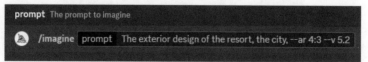

图18.6-5

提示词：The exterior design of the resort, the city, --ar 4：3 --v 5.2
（度假村外观设计，城市，出图比例4：3，版本 v 5.2）

步骤② 在生成的图像中选择自己想要的图像（U4），如图 18.6-6 所示。单击大图，选择用浏览器打开，在图像上右击，在弹出的快捷菜单中选择"保存图片"命令。完成后的效果见图 18.6-2。

图18.6-6

步骤③ 单击 Midjourney 对话框，输入"/"后选择 /imagine 命令，在 prompt 框中输入森林图的提示词，如图 18.6-7 所示。

图18.6-7

提示词：Forest, trees, --ar 4：3 --V5.2
（森林，树木，出图比例 4：3，版本 V5.2）

步骤④ 在生成的图像中选择自己想要的图像（U1），如图 18.6-8 所示。单击大图，选择用浏览器打开，在图像上右击，在弹出的快捷菜单中选择"保存图片"命令。完成后的效果见图 18.6-3。

图18.6-8

步骤⑤ 单击 Midjourney 对话框，输入"/"后选择 /blend 命令，分别将两张图像导入图片框，并在 dimensions 中选择 Landscape（横图）模式，如图 18.6-9 所示。

图18.6-9

步骤⑥ 在生成的图像中选择自己想要的图像（U4），如图18.6-10所示。查看大图，可以发现某些细节需要调整。

图18.6-10

步骤⑦ 单击Vary(Region)按钮，如图18.6-11所示，圈出需要调整的细节，如图18.6-12所示，并将提示词更改为no trees（没有树）。然后选择调整后自己想要的图像（U3），如图18.6-13所示。单击大图，选择用浏览器打开，在图像上右击，在弹出的快捷菜单中选择"保存图片"命令。完成后的效果见图18.6-4。

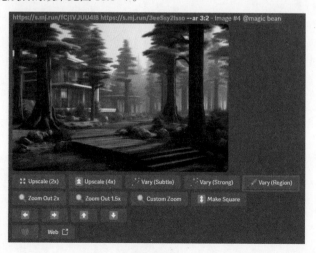

图18.6-11

图18.6－12　　　　　　　　　　　　　　　　图18.6－13

3. 举一反三

制作思路

（1）用 Midjourney 生成民宿设计图，如图 18.6–14 所示。

（2）用 Midjourney 生成森林图，如图 18.6–15 所示。

（3）用 /blend 命令制作森林民宿图，如图 18.6–16 所示。

　　图18.6－14　　　　　　　　　图18.6－15　　　　　　　　　图18.6－16

作者心得

　　民宿主题和定位的差异，导致了最终风格的不同。除此之外，常见的还有北欧风——通常以简洁的白色、浅莫兰迪色为主；禅意风——代表为中式泼墨山水式的庭院和日式洗练素描式的庭院；民族风——在设计上需要结合区位特色和当地文化底蕴。

✎读书笔记